中国畜牧兽医统计

CHINA ANIMAL HUSBANDRY AND VETERINARY STATISTICS

2019

农业农村部畜牧兽医局
全 国 畜 牧 总 站 编

中国农业出版社
农村设物出版社
北 京

编委会

Editorial Bord

编 者 说 明

一、《中国畜牧兽医统计 2019》是一本反映我国畜牧业生产情况的统计资料工具书。本书内容包括 10 个部分。第一部分为 2019 年畜牧业发展概况。第二部分为综合，第三部分为畜牧生产统计，两部分数据皆来源于国家统计局。第四部分为畜牧专业统计，数据由各省（自治区、直辖市）畜牧兽医部门提供。第五部分为畜产品及饲料集市价格，数据来自全国 500 个县集贸市场调查点。第六部分为饲料产量，第七部分为生猪屠宰统计，两部分数据皆来源于农业农村部行业统计。第八部分为中国畜产品进出口统计，数据来源于海关总署。第九部分为 2018 年世界畜产品进出口情况，第十部分为 2018 年世界畜产品生产情况，两部分数据皆来源于联合国粮食及农业组织（FAO）统计数据。

二、本书所涉及的全国性统计指标未包括香港特别行政区、澳门特别行政区和台湾省数据。本书第八部分至第十部分的中国数据未包括香港特别行政区、澳门特别行政区和台湾省。

三、本书部分数据合计数或相对数由于单位取舍不同而产生的计算误差均未作机械调整。

四、有关符号的说明：“空格”表示数据不详或无该项指标，“#”表示分项之和不等于总项，0.0 表示数据不足表中最小单位。

目　　录

Contents

Section 9 World animal products import and output in 2018 171

Section10 The world animal products production during 2018 201

一、2019 年畜牧业发展概况

2019年是新中国成立70周年，是全面建成小康社会关键的一年。各级畜牧兽医部门坚决贯彻落实党中央、国务院决策部署，坚持稳中求进工作总基调，落实高质量发展要求，继续深化畜牧业供给侧结构性改革，大力推进畜牧业转型发展，加快构建现代化畜禽养殖体系、动物防疫体系，不断强化饲料、兽药、生鲜乳和屠宰行业质量安全监管，畜产品供应保障能力稳步提高，畜牧业质量效益和竞争力持续增强。全年畜牧业生产总体平稳，畜禽养殖效益显著提升，未发生重大质量安全事件，畜禽养殖规模化率超过64.5%，畜禽粪污综合利用率达到75%，非洲猪瘟疫情得到有效控制，其他重大动物疫病疫情形势平稳。

1. 畜牧业生产总体平稳

2019年，全国肉类总产量7 758.8万吨，同比下降10.0%。其中，猪肉产量4 255.3万吨，同比下降21.3%；牛肉产量667.3万吨，同比增长3.6%；羊肉产量487.5万吨，同比增长2.6%；禽肉产量2 238.6万吨，同比增长12.3%。禽蛋产量3 309.0万吨，同比增长5.8%。奶类产量3 297.6万吨，同比增长3.8%。受"猪周期"下行、非洲猪瘟疫情冲击和一些地方不合理的禁养、限养等因素影响，猪肉减产较多，其他畜产品产量均明显增长，替代品增产一定程度上缓解了猪肉消费压力。畜牧业综合生产能力稳步提升，畜产品市场供应有保障。

2. 畜牧业生产结构不断优化

2019年，规模化、集约化、科学饲养水平和技术装备水平不断提升，畜禽养殖规模化率达到64.5%。奶牛、肉牛等生产效率不断提升，成母牛平均单产达到7.8吨，同比提高0.3吨，规模牧场实现100%机械化挤奶；育肥肉牛平均出栏体重570.4千克，同比提高30千克。产业化龙头企业发展壮大，奶业20强市场占有率超过60%。饲料行业集中度进一步提高，年产10万吨以上饲料企业621家，在全国饲料总产量中的占比为46.6%；年产百万吨以上规模饲料企业31家，产量占比超过50%，其中有3家企业产量超过1 000万吨。全国畜禽粪污资源化综合利用率达到75%，养殖环境进一步改善。

3. 养殖行业效益显著提升

2019年，全国出栏1头商品肥猪平均盈利660元，是2018年的21倍。受生猪产能下降、替代消费增加的影响，2019年蛋鸡、肉鸡养殖收益达到近年来最好水平，平均每只产蛋鸡全年养殖收益约44元，同比增长60.6%；平均出栏1只肉鸡盈利7.4元，同比增长131.3%。平均出栏1头育肥肉牛盈利

2 048元，同比增长31.9%；出栏1只绵羊盈利381元，同比增长31.4%；出栏1只山羊盈利565元，同比增长38.3%。平均1头产奶牛全年养殖盈利4 275元，同比增长39.0%。主要畜禽养殖效益显著提升，为农牧民增收、助力脱贫攻坚提供了有力支撑。

4. 畜产品质量安全保持较高水平

2019年，畜产品质量安全专项整治持续开展，质量安全监管体系不断强化，畜产品质量安全水平处于历史最高水平。2019年畜产品抽检合格率达到98.3%，未发生重大畜产品质量安全事件。饲料抽检合格率96.3%，生鲜乳抽检合格率99.9%，生鲜乳中三聚氰胺等违禁添加物抽检合格率连续11年保持100%。生鲜乳中乳蛋白含量平均值3.27%，脂肪含量平均值3.85%，均达到奶业发达国家水平。畜禽产品兽药残留检测合格率99.7%，兽药质量监督抽检合格率98.5%。兽用抗菌药综合治理成效明显，提前两年实现抗菌药使用“零增长”目标。

5. 重大动物疫情防控有力有效

2019年，我国非洲猪瘟疫情呈点状发生，疫情发生势头开始减缓。已发的63起非洲猪瘟疫情均得到有效处置，没有发生二次扩散，防控工作取得阶段性成效。2019年全国累计发生口蹄疫疫情5起、高致病性禽流感疫情4起，均已得到有效处置。从2019年秋防检查结果看，全国禽流感、新城疫等主要禽病免疫合格率超过90%，口蹄疫、猪瘟等主要猪病免疫合格率超过85%，我国非洲猪瘟、高致病性禽流感等重大动物疫病防控形势总体趋稳。

二、综　　合

2－1　全国农林牧渔业总产值及比重

（按当年价格计算）

单位：亿元

年　份	农林牧渔业总产值	农业	比重(%)	林业	比重(%)	牧业	比重(%)	渔业	比重(%)
1952	461.0	396.0	85.9	7.3	1.6	51.7	11.2	6.1	1.3
1957	537.0	443.9	82.7	17.5	3.3	65.4	12.2	10.2	1.9
1962	584.0	494.7	84.7	13.0	2.2	63.8	10.9	12.6	2.2
1965	833.0	684.3	82.2	22.3	2.7	111.5	13.4	14.8	1.8
1970	1 021.0	838.4	82.1	28.6	2.8	136.6	13.4	17.4	1.7
1975	1 260.0	1 020.5	81.0	39.2	3.1	178.4	14.2	21.9	1.7
1978	1 397.0	1 117.6	80.0	48.1	3.4	209.3	15.0	22.1	1.6
1980	1 922.6	1 454.1	75.6	81.4	4.2	354.2	18.4	32.9	1.7
1985	3 619.5	2 506.4	69.2	188.7	5.2	798.3	22.1	126.1	3.5
1990	7 662.1	4 954.3	64.7	330.3	4.3	1 967.0	25.7	410.6	5.4
1991	8 157.0	5 146.4	63.1	367.9	4.5	2 159.2	26.5	483.5	5.9
1992	9 084.7	5 588.0	61.5	422.6	4.7	2 460.5	27.1	613.5	6.8
1993	10 995.5	6 605.1	60.1	494.0	4.5	3 014.4	27.4	882.0	8.0
1994	15 750.5	9 169.2	58.2	611.1	3.9	4 672.0	29.7	1 298.2	8.2
1995	20 340.9	11 884.6	58.4	709.9	3.5	6 045.0	29.7	1 701.3	8.4
1996	22 353.7	13 539.8	60.6	778.0	3.5	6 015.5	26.9	2 020.4	9.0
1997	23 788.4	13 852.5	58.2	817.8	3.4	6 835.4	28.7	2 282.7	9.6
1998	24 541.9	14 241.9	58.0	851.3	3.5	7 025.8	28.6	2 422.9	9.9
1999	24 519.1	14 106.2	57.5	886.3	3.6	6 997.6	28.5	2 529.0	10.3
2000	24 915.8	13 873.6	55.7	936.5	3.8	7 393.1	29.7	2 712.6	10.9
2001	26 179.6	14 462.8	55.2	938.8	3.6	7 963.1	30.4	2 815.0	10.8
2002	27 390.8	14 931.5	54.5	1 033.5	3.8	8 454.6	30.9	2 971.1	10.8
2003	29 691.8	14 870.1	50.1	1 239.9	4.2	9 538.8	32.1	3 137.6	10.6
2004	36 239.0	18 138.4	50.1	1 327.1	3.7	12 173.8	33.6	3 605.6	9.9
2005	39 450.9	19 613.4	49.7	1 425.5	3.6	13 310.8	33.7	4 016.1	10.2
2006	40 810.8	21 522.3	52.7	1 610.8	3.9	12 083.9	29.6	3 970.5	9.7
2007	48 651.8	24 444.7	50.2	1 889.9	3.9	16 068.6	33.0	4 427.9	9.1
2008	57 420.8	27 679.9	48.2	2 180.3	3.8	20 354.2	35.4	5 137.5	8.9
2009	59 311.3	29 983.8	50.6	2 324.4	3.9	19 184.6	32.3	5 514.7	9.3
2010	67 763.1	35 909.1	53.0	2 575.0	3.8	20 461.1	30.2	6 263.4	9.2
2011	78 837.0	40 339.6	51.2	3 092.4	3.9	25 194.2	32.0	7 337.4	9.3
2012	86 342.2	44 845.7	51.9	3 407.0	3.9	26 491.2	30.7	8 403.9	9.7
2013	93 173.7	48 943.9	52.5	3 847.4	4.1	27 572.4	29.6	9 254.5	9.9
2014	97 822.5	51 851.1	53.0	4 190.0	4.3	27 963.4	28.6	9 877.5	10.1
2015	101 893.5	54 205.3	53.2	4 358.4	4.3	28 649.3	28.1	10 339.1	10.1
2016	106 478.7	55 659.9	52.3	4 635.9	4.4	30 461.2	28.6	10 892.9	10.2
2017	109 331.7	58 059.8	53.1	4 980.6	4.6	29 361.2	26.9	11 577.1	10.6
2018	113 579.5	61 452.6	54.1	5 432.6	4.8	28 697.4	25.3	12 131.5	10.7
2019	123 967.9	66 066.5	53.3	5 775.7	4.7	33 064.3	26.7	12 572.4	10.1

2-2 各地区农林牧渔业总产值

（按当年价格计算）

单位：亿元

地 区	农林牧渔业	农 业	林 业	牧 业	渔 业
全国总计	**123 967.9**	**66 066.5**	**5 775.7**	**33 064.3**	**12 572.4**
北 京	281.7	102.3	115.6	49.3	5.3
天 津	414.4	202.9	24.9	100.4	71.4
河 北	6 061.5	3 114.9	231.4	2 035.4	212.5
山 西	1 626.5	936.8	101.3	478.6	6.9
内蒙古	3 176.3	1 606.3	100.9	1 390.5	27.8
辽 宁	4 368.2	1 912.0	117.4	1 479.5	669.6
吉 林	2 442.7	1 014.1	68.1	1 239.6	40.1
黑龙江	5 930.0	3 774.5	193.9	1 671.8	123.1
上 海	284.8	145.8	18.3	48.2	55.0
江 苏	7 503.2	3 828.6	162.0	1 213.0	1 741.0
浙 江	3 355.2	1 595.0	185.5	395.2	1 080.9
安 徽	5 162.1	2 365.4	351.3	1 628.9	521.3
福 建	4 636.6	1 774.8	417.3	914.4	1 361.7
江 西	3 481.3	1 624.3	342.8	888.9	476.5
山 东	9 671.7	4 914.4	197.7	2 412.1	1 397.4
河 南	8 541.8	5 408.6	140.8	2 316.5	118.2
湖 北	6 681.9	3 257.9	258.5	1 521.5	1 152.7
湖 南	6 405.1	3 052.1	430.7	2 003.1	441.8
广 东	7 175.9	3 530.2	408.5	1 404.1	1 524.8
广 西	5 498.8	3 102.3	410.5	1 189.7	538.9
海 南	1 689.4	819.6	106.4	300.8	390.9
重 庆	2 337.8	1 397.5	113.1	679.5	105.3
四 川	7 889.3	4 395.0	372.2	2 647.9	263.5
贵 州	3 889.0	2 535.7	275.4	829.6	57.7
云 南	4 935.7	2 680.2	395.5	1 600.7	105.4
西 藏	212.8	94.9	3.5	108.4	0.4
陕 西	3 536.8	2 445.8	106.1	757.2	31.4
甘 肃	1 887.6	1 306.4	38.1	395.6	2.0
青 海	454.4	181.3	11.3	250.8	3.9
宁 夏	584.8	330.8	11.2	197.8	17.4
新 疆	3 850.6	2 616.3	65.6	915.3	27.5

2-3 各地区分部门农林牧渔业总产值构成

（按当年价格计算）

单位：%

地区	合计	农业#	林业#	牧业#	渔业#
全国总计	**100.0**	**53.3**	**4.7**	**26.7**	**10.1**
北京	100.0	36.3	41.0	17.5	1.9
天津	100.0	49.0	6.0	24.2	17.2
河北	100.0	51.4	3.8	33.6	3.5
山西	100.0	57.6	6.2	29.4	0.4
内蒙古	100.0	50.6	3.2	43.8	0.9
辽宁	100.0	43.8	2.7	33.9	15.3
吉林	100.0	41.5	2.8	50.7	1.6
黑龙江	100.0	63.7	3.3	28.2	2.1
上海	100.0	51.2	6.4	16.9	19.3
江苏	100.0	51.0	2.2	16.2	23.2
浙江	100.0	47.5	5.5	11.8	32.2
安徽	100.0	45.8	6.8	31.6	10.1
福建	100.0	38.3	9.0	19.7	29.4
江西	100.0	46.7	9.8	25.5	13.7
山东	100.0	50.8	2.0	24.9	14.4
河南	100.0	63.3	1.6	27.1	1.4
湖北	100.0	48.8	3.9	22.8	17.3
湖南	100.0	47.7	6.7	31.3	6.9
广东	100.0	49.2	5.7	19.6	21.2
广西	100.0	56.4	7.5	21.6	9.8
海南	100.0	48.5	6.3	17.8	23.1
重庆	100.0	59.8	4.8	29.1	4.5
四川	100.0	55.7	4.7	33.6	3.3
贵州	100.0	65.2	7.1	21.3	1.5
云南	100.0	54.3	8.0	32.4	2.1
西藏	100.0	44.6	1.7	50.9	0.2
陕西	100.0	69.2	3.0	21.4	0.9
甘肃	100.0	69.2	2.0	21.0	0.1
青海	100.0	39.9	2.5	55.2	0.9
宁夏	100.0	56.6	1.9	33.8	3.0
新疆	100.0	67.9	1.7	23.8	0.7

2-4 各地区畜牧业分项产值

（按当年价格计算）

单位：亿元

地区	牧业产值	牲畜饲养			
			牛#	羊#	奶产品#
全国总计	**33 064.3**	**8 952.0**	**4 250.2**	**2 973.7**	**1 390.7**
北京	49.3	19.7	6.1	2.7	10.3
天津	100.4	35.9	15.6	3.2	16.5
河北	2 035.4	687.7	306.2	224.1	148.1
山西	478.6	167.0	54.7	66.0	37.3
内蒙古	1 390.5	1 141.5	293.3	591.5	200.2
辽宁	1 479.5	490.8	274.7	70.3	67.4
吉林	1 239.6	506.3	440.8	44.3	12.6
黑龙江	1 671.8	788.5	449.6	140.5	184.2
上海	48.2	15.9	0.0	1.7	14.1
江苏	1 213.0	102.7	14.8	60.0	24.3
浙江	395.2	27.6	4.2	14.3	7.4
安徽	1 628.9	229.5	65.0	138.1	11.7
福建	914.4	54.6	19.8	20.5	14.3
江西	888.9	65.6	43.3	12.9	4.4
山东	2 412.1	498.6	228.7	139.1	123.5
河南	2 316.5	597.7	303.5	210.8	74.7
湖北	1 521.5	225.2	133.5	84.0	6.2
湖南	2 003.1	170.2	83.2	83.1	3.7
广东	1 404.1	42.6	18.0	10.4	14.1
广西	1 189.7	112.6	96.0	12.0	4.7
海南	300.8	39.5	31.6	7.7	0.2
重庆	679.5	97.3	53.8	41.3	2.2
四川	2 647.9	386.6	178.4	170.6	28.8
贵州	829.6	236.7	177.1	56.0	3.1
云南	1 600.7	494.9	343.7	126.9	21.3
西藏	108.4	102.9	59.5	18.8	17.4
陕西	757.2	284.2	76.4	104.4	92.3
甘肃	395.6	259.2	121.0	104.3	23.2
青海	250.8	225.9	94.2	95.8	32.3
宁夏	197.8	155.7	46.4	45.5	60.6
新疆	915.3	689.0	216.9	272.8	129.8

2-4 续表

单位：亿元

地区	猪的饲养	家禽饲养			狩猎和捕猎动物	其他畜牧业
			肉禽#	禽蛋#		
全国总计	**13 207.2**	**9 598.2**	**5 934.3**	**3 651.0**	**32.7**	**1 274.4**
北　京	5.9	23.2	10.3	12.8		0.6
天　津	39.5	25.0	9.9	15.1		0.1
河　北	730.1	498.5	149.9	348.6		119.1
山　西	169.8	135.5	33.0	102.5	0.0	6.2
内蒙古	138.3	107.5	42.1	65.5		3.1
辽　宁	302.9	674.2	479.1	195.1	0.4	11.2
吉　林	331.8	369.2	224.5	144.6		32.4
黑龙江	502.0	346.2	248.9	97.3		35.1
上　海	25.1	7.2	2.6	2.8		0.1
江　苏	434.0	565.8	285.7	276.4	1.1	109.3
浙　江	217.9	94.0	57.5	36.4	3.6	52.1
安　徽	755.6	558.5	353.2	205.3	2.3	82.9
福　建	331.9	502.9	425.6	77.3	3.9	21.1
江　西	454.6	342.5	253.0	89.5	3.2	23.0
山　东	768.8	959.2	508.6	450.6	1.9	183.5
河　南	1 054.2	615.7	222.0	384.4	0.0	48.9
湖　北	893.0	391.4	201.9	189.5	0.0	11.9
湖　南	1 380.1	410.3	196.2	214.1	10.9	31.7
广　东	677.4	572.6	525.4	47.3	4.4	107.0
广　西	467.2	427.7	402.4	25.4		182.1
海　南	129.1	130.0	122.8	7.2		2.2
重　庆	363.0	192.7	141.3	51.4		26.5
四　川	1 170.4	1 003.6	617.4	386.2		87.2
贵　州	405.4	184.7	153.7	31.0	0.1	2.7
云　南	861.6	210.7	159.3	51.4	0.0	33.5
西　藏	2.5	1.6	1.1	0.6		1.4
陕　西	321.9	120.2	51.5	68.7	0.6	30.2
甘　肃	108.3	26.1	11.7	14.4		2.0
青　海	19.2	2.7	2.7	2.1	0.1	2.9
宁　夏	21.3	20.0	8.0	12.1		0.9
新　疆	124.1	78.6	33.1	45.5		23.5

2－5　全国饲养业产品成本与收益

项　　目	单位	生猪平均		规模养猪平均		农户散养生猪	
		2019 年	2018 年	2019 年	2018 年	2019 年	2018 年
每头（百只）							
主产品产量	千克	122.7	122.6	124.5	122.6	120.9	122.5
产值合计	元	2 621.7	1 616.3	2 625.5	1 595.2	2 617.8	1 637.5
主产品产值	元	2 607.4	1 602.4	2 613.3	1 583.3	2 601.5	1 621.6
副产品产值	元	14.3	13.9	12.2	11.8	16.3	15.9
总成本	元	1 889.0	1 728.9	1 797.1	1 584.9	1 980.1	1 873.0
生产成本	元	1 887.6	1 727.3	1 794.4	1 582.0	1 979.9	1 872.8
物质与服务费用	元	1 543.6	1 388.7	1 609.2	1 403.0	1 478.0	1 374.3
人工成本	元	343.9	338.7	185.1	179.0	501.9	498.6
家庭用工折价	元	315.3	312.4	127.8	126.5	501.9	498.6
雇工费用	元	28.7	26.3	57.3	52.5	0.0	0.0
土地成本	元	1.5	1.5	2.7	2.9	0.2	0.1
净利润	元	732.6	−112.6	828.4	10.2	637.8	−235.5
成本利润率	%	38.8	−6.5	46.1	0.6	32.2	−12.6
每 50 千克主产品							
平均出售价格	元	1 062.7	653.6	1 049.9	645.6	1 075.9	661.7
总成本	元	765.7	699.2	718.6	641.5	813.8	756.9
生产成本	元	765.1	698.5	717.6	640.3	813.7	756.8
净利润	元	297.0	−45.5	331.3	4.1	262.1	−95.2
附：							
每核算单位用工数量	日	3.9	4.0	2.1	2.0	5.8	5.9
平均饲养天数	日	156.4	158.4	152.0	150.6	160.8	166.2

2-5　续表 1

项　　目	单位	奶牛平均		规模奶牛平均		农户散养奶牛	
		2019 年	2018 年	2019 年	2018 年	2019 年	2018 年
每头（百只）							
主产品产量	千克	5 993.4	5 974.0	6 562.6	6 547.1	5 424.1	5 400.9
产值合计	元	26 684.7	25 350.4	29 412.8	27 877.8	23 956.5	22 823.1
主产品产值	元	23 998.5	22 929.5	26 527.4	25 273.3	21 469.6	20 585.6
副产品产值	元	2 686.2	2 421.0	2 885.5	2 604.5	2 486.9	2 237.5
总成本	元	19 518.5	19 202.9	21 975.0	21 246.0	17 061.9	17 159.4
生产成本	元	19 458.3	19 145.3	21 900.6	21 172.1	17 015.9	17 118.1
物质与服务费用	元	15 645.0	15 533.1	18 495.1	18 014.1	12 794.8	13 051.9
人工成本	元	3 813.4	3 612.2	3 405.5	3 157.9	4 221.1	4 066.2
家庭用工折价	元	2 595.7	2 601.9	1 059.9	1 200.3	4 131.4	4 003.2
雇工费用	元	1 217.7	1 010.3	2 345.6	1 957.6	89.7	63.0
土地成本	元	60.2	57.6	74.4	74.0	45.9	41.3
净利润	元	7 166.2	6 147.6	7 437.8	6 631.7	6 894.7	5 663.7
成本利润率	%	36.7	32.0	33.8	31.2	40.4	33.0
每 50 千克主产品							
平均出售价格	元	200.2	191.9	202.1	193.0	197.9	190.6
总成本	元	146.4	145.4	151.0	147.1	141.0	143.3
生产成本	元	146.0	144.9	150.5	146.6	140.6	142.9
净利润	元	53.8	46.5	51.1	45.9	57.0	47.3
附：							
每核算单位用工数量	日	40.4	39.7	32.3	31.7	48.6	47.7
平均饲养天数	日	365.0	365.0	365.0	365.0	365.0	365.0

2－5 续表 2

项　　目	单位	规模养殖蛋鸡平均		规模养殖肉鸡平均	
		2019 年	2018 年	2019 年	2018 年
每头（百只）					
主产品产量	千克	1 793.7	1 774.1	251.9	247.2
产值合计	元	18 153.7	16 084.5	3 747.8	3 219.3
主产品产值	元	15 812.2	14 129.7	3 720.0	3 192.7
副产品产值	元	2 341.5	1 954.9	27.8	26.6
总成本	元	15 173.2	14 792.8	3 045.6	2 769.4
生产成本	元	15 155.8	14 775.1	3 040.1	2 764.3
物质与服务费用	元	13 868.4	13 454.2	2 701.2	2 447.7
人工成本	元	1 287.4	1 320.9	338.8	316.6
家庭用工折价	元	917.4	972.0	269.5	264.0
雇工费用	元	370.1	348.9	69.3	52.6
土地成本	元	17.4	17.7	5.6	5.1
净利润	元	2 980.5	1 291.7	702.1	449.9
成本利润率	%	19.6	8.7	23.1	16.2
每 50 千克主产品					
平均出售价格	元	440.8	398.2	738.4	645.8
总成本	元	368.4	366.2	600.1	555.5
生产成本	元	368.0	365.8	599.0	554.5
净利润	元	72.4	32.0	138.3	90.3
附：					
每核算单位用工数量	日	13.8	14.6	3.7	3.6
平均饲养天数	日	358.4	358.7	75.6	73.8

2-6　各地区主要畜产品产量及人均占有量位次

单位：万吨、千克/人

地区	肉类总产量		肉类人均占有量		猪肉产量		猪肉人均占有量	
	绝对数	位次	绝对数	位次	绝对数	位次	绝对数	位次
全国总计	**7 758.8**		**55.5**		**4 255.3**		**30.4**	
北　京	5.1	31	2.4	31	2.3	30	1.1	31
天　津	30.4	28	19.5	28	15.6	26	10.0	28
河　北	433.4	5	57.2	19	241.9	7	31.9	13
山　西	91.0	24	24.4	27	56.8	22	15.2	23
内蒙古	264.6	14	104.3	1	62.6	20	24.7	18
辽　宁	367.9	10	84.5	3	189.4	12	43.5	4
吉　林	243.2	16	90.2	2	108.3	17	40.1	8
黑龙江	237.1	17	63.0	15	135.2	15	35.9	11
上　海	10.8	30	4.5	30	8.9	27	3.7	29
江　苏	274.5	13	34.1	25	146.2	14	18.1	22
浙　江	94.3	23	16.3	29	60.2	21	10.4	27
安　徽	402.8	8	63.5	14	197.8	10	31.2	15
福　建	255.2	15	64.5	12	103.0	18	26.0	16
江　西	299.8	12	64.4	13	206.8	9	44.4	3
山　东	704.0	1	70.0	8	254.7	5	25.3	17
河　南	560.4	2	58.2	18	344.4	3	35.8	12
湖　北	349.2	11	59.0	17	243.0	6	41.0	7
湖　南	459.4	4	66.5	11	348.5	2	50.4	2
广　东	412.1	6	36.0	24	221.9	8	19.4	20
广　西	380.0	9	76.9	6	192.1	11	38.9	9
海　南	67.1	25	71.4	7	29.5	25	31.4	14
重　庆	163.8	20	52.6	21	112.1	16	36.0	10
四　川	559.5	3	66.9	10	353.4	1	42.3	5
贵　州	205.9	18	57.0	20	150.3	13	41.6	6
云　南	405.9	7	83.8	4	287.5	4	59.4	1
西　藏	28.4	29	81.7	5	0.8	31	2.4	30
陕　西	109.5	21	28.3	26	80.9	19	20.9	19
甘　肃	101.7	22	38.5	23	48.0	23	18.2	21
青　海	37.4	26	61.8	16	7.7	29	12.7	25
宁　夏	33.5	27	48.5	22	7.8	28	11.3	26
新　疆	170.7	19	68.2	9	37.6	24	15.0	24

2－6　续表 1

单位：万吨、千克/人

地　区	牛肉产量		牛肉人均占有量		羊肉产量		羊肉人均占有量	
	绝对数	位次	绝对数	位次	绝对数	位次	绝对数	位次
全国总计	**667.3**		**4.8**		**487.5**		**3.5**	
北　京	0.7	30	0.3	29	0.4	30	0.2	29
天　津	2.5	26	1.6	24	0.8	29	0.5	26
河　北	57.2	3	7.6	10	31.0	4	4.1	8
山　西	6.6	23	1.8	23	8.0	16	2.2	17
内蒙古	63.8	2	25.1	2	109.8	1	43.3	1
辽　宁	29.6	10	6.8	12	6.8	17	1.6	20
吉　林	41.9	6	15.5	6	4.7	22	1.8	18
黑龙江	45.5	4	12.1	7	12.7	12	3.4	10
上　海	0.0	31	0.0	31	0.2	31	0.1	31
江　苏	2.9	25	0.4	27	6.5	19	0.8	23
浙　江	1.3	29	0.2	30	2.3	25	0.4	28
安　徽	9.5	20	1.5	25	18.8	9	3.0	12
福　建	2.1	28	0.5	26	2.2	26	0.6	25
江　西	13.1	17	2.8	16	2.3	24	0.5	27
山　东	73.3	1	7.3	11	36.9	3	3.7	9
河　南	36.2	9	3.8	15	28.1	5	2.9	13
湖　北	16.0	15	2.7	18	9.9	14	1.7	19
湖　南	19.0	14	2.8	17	15.9	10	2.3	15
广　东	4.1	24	0.4	28	2.0	27	0.2	30
广　西	12.4	18	2.5	19	3.5	23	0.7	24
海　南	2.2	27	2.4	20	1.2	28	1.3	22
重　庆	7.3	22	2.3	21	6.8	18	2.2	16
四　川	36.4	8	4.4	14	27.1	6	3.2	11
贵　州	21.5	12	6.0	13	5.0	21	1.4	21
云　南	39.0	7	8.1	9	20.0	8	4.1	7
西　藏	21.2	13	60.9	1	5.8	20	16.6	4
陕　西	8.5	21	2.2	22	9.3	15	2.4	14
甘　肃	22.7	11	8.6	8	25.0	7	9.5	6
青　海	14.6	16	24.2	3	13.9	11	23.0	3
宁　夏	11.5	19	16.6	5	10.4	13	15.1	5
新　疆	44.5	5	17.8	4	60.3	2	24.1	2

2-6　续表 2

单位：万吨、千克/人

地　区	禽肉产量		禽肉人均占有量		牛奶产量	
	绝对数	位次	绝对数	位次	绝对数	位次
全国总计	**2 238.6**		**16.0**		**3 201.2**	
北　京	1.7	28	0.8	30	26.4	21
天　津	11.3	24	7.2	21	47.4	14
河　北	99.5	10	13.1	14	428.7	3
山　西	18.7	22	5.0	25	91.8	10
内蒙古	20.7	21	8.2	19	577.2	1
辽　宁	139.8	7	32.1	6	133.9	8
吉　林	86.9	11	32.2	5	39.9	17
黑龙江	42.3	16	11.2	16	465.2	2
上　海	1.3	29	0.5	31	29.7	20
江　苏	115.2	9	14.3	12	62.4	12
浙　江	29.9	19	5.2	24	15.5	22
安　徽	174.6	3	27.5	7	33.8	19
福　建	141.9	6	35.9	1	14.5	23
江　西	75.9	13	16.3	8	7.3	27
山　东	333.7	1	33.2	3	228.0	4
河　南	145.2	5	15.1	10	204.1	6
湖　北	79.5	12	13.4	13	13.4	25
湖　南	73.4	14	10.6	18	6.3	28
广　东	176.2	2	15.4	9	13.9	24
广　西	162.9	4	32.9	4	8.7	26
海　南	32.7	18	34.9	2	0.2	31
重　庆	34.1	17	10.9	17	4.2	30
四　川	119.7	8	14.3	11	66.7	11
贵　州	25.7	20	7.1	22	5.3	29
云　南	57.8	15	11.9	15	59.9	13
西　藏	0.3	31	0.9	29	42.4	16
陕　西	10.2	25	2.6	26	107.8	9
甘　肃	4.8	26	1.8	27	44.1	15
青　海	0.9	30	1.5	28	34.9	18
宁　夏	3.6	27	5.2	23	183.4	7
新　疆	18.1	23	7.2	20	204.4	5

2-6 续表3

单位：万吨、千克/人

地区	牛奶人均占有量		禽蛋产量		禽蛋人均占有量	
	绝对数	位次	绝对数	位次	绝对数	位次
全国总计	**22.9**		**3 309.0**		**23.7**	
北京	12.3	17	9.6	27	4.5	27
天津	30.3	9	19.4	24	12.4	18
河北	56.6	7	385.9	3	51.0	2
山西	24.7	11	111.4	12	29.9	8
内蒙古	227.5	2	58.1	14	22.9	11
辽宁	30.7	8	307.9	4	70.7	1
吉林	14.8	15	121.5	9	45.1	4
黑龙江	123.7	3	114.3	11	30.4	6
上海	12.3	18	2.9	29	1.2	31
江苏	7.7	20	212.3	5	26.3	10
浙江	2.7	23	33.6	21	5.8	23
安徽	5.3	21	168.7	7	26.6	9
福建	3.7	22	48.6	16	12.3	19
江西	1.6	26	57.2	15	12.3	20
山东	22.7	12	450.1	1	44.8	5
河南	21.2	13	442.4	2	46.0	3
湖北	2.3	24	178.8	6	30.2	7
湖南	0.9	30	114.7	10	16.6	14
广东	1.2	29	41.5	18	3.6	29
广西	1.8	25	25.1	22	5.1	25
海南	0.2	31	4.8	28	5.1	26
重庆	1.3	28	43.5	17	14.0	17
四川	8.0	19	161.7	8	19.3	13
贵州	1.5	27	23.0	23	6.4	22
云南	12.4	16	35.8	20	7.4	21
西藏	122.1	4	0.5	31	1.5	30
陕西	27.8	10	64.1	13	16.6	15
甘肃	16.7	14	15.1	25	5.7	24
青海	57.6	6	2.3	30	3.9	28
宁夏	265.2	1	13.9	26	20.0	12
新疆	81.6	5	40.5	19	16.2	16

2-7　按人口平均的主要畜产品产量

单位：千克/人

年　份	肉类总产量	猪牛羊肉	猪肉	牛肉	羊肉	禽肉	牛奶产量	禽蛋产量
1978	9.0	9.0					0.9	
1979	11.0	11.0	10.3	0.2	0.4		1.1	
1980	12.3	12.3	11.6	0.3	0.5	0.0	1.2	2.6
1985	18.3	16.8	15.7	0.4	0.6	1.5	2.4	5.1
1990	25.2	22.1	20.1	1.1	0.9	2.8	3.7	7.0
1991	27.3	23.7	21.3	1.3	1.0	3.4	4.0	8.0
1992	29.4	25.2	22.6	1.5	1.1	3.9	4.3	8.8
1993	32.6	27.4	24.2	2.0	1.2	4.9	4.2	10.0
1994	37.8	31.0	26.9	2.7	1.4	6.3	4.4	12.4
1995	33.8	27.4	23.7	2.5	1.3	6.0	4.8	13.9
1996	37.6	30.3	25.9	2.9	1.5	6.8	5.2	16.1
1997	42.8	34.5	29.2	3.6	1.7	8.0	4.9	15.4
1998	46.1	37.0	31.3	3.9	1.9	8.5	5.3	16.3
1999	47.5	38.0	32.0	4.0	2.0	8.9	5.7	17.0
2000	47.6	37.6	31.4	4.1	2.1	9.4	6.6	17.3
2001	48.0	38.0	31.9	4.0	2.1	9.2	8.1	17.4
2002	48.7	38.5	32.2	4.1	2.2	9.3	10.2	17.7
2003	50.0	39.5	32.9	4.2	2.4	9.6	13.6	18.1
2004	51.0	40.4	33.5	4.3	2.6	9.7	17.4	18.3
2005	53.2	42.0	34.9	4.4	2.7	10.3	21.1	18.7
2006	54.1	42.6	35.5	4.4	2.8	10.4	24.4	18.5
2007	52.5	40.4	32.7	4.8	2.9	11.1	22.4	19.3
2008	55.6	43.0	35.3	4.7	3.0	11.7	22.7	20.4
2009	57.9	44.8	37.1	4.7	3.0	12.2	22.5	20.7
2010	59.8	46.2	38.4	4.7	3.0	12.6	22.7	20.8
2011	59.7	45.7	38.2	4.5	3.0	13.0	23.1	21.1
2012	62.7	47.8	40.3	4.6	3.0	13.9	23.5	21.4
2013	63.6	48.9	41.4	4.5	3.0	13.7	22.1	21.4
2014	64.6	50.3	42.7	4.5	3.1	13.4	23.2	21.5
2015	63.8	48.9	41.2	4.5	3.2	14.0	23.2	22.2
2016	62.6	47.2	39.4	4.5	3.3	14.5	22.2	22.9
2017	62.4	47.3	39.3	4.6	3.4	14.3	21.9	22.3
2018	61.9	46.8	38.8	4.6	3.4	14.3	22.1	22.5
2019	55.5	38.7	30.4	4.8	3.5	16.0	22.9	23.7

注：按年平均人口计算。

三、畜牧生产统计

3-1 全国主要畜产品产量

单位：万吨

年 份	肉类总产量	猪牛羊肉#				禽肉#	兔肉#
			猪肉	牛肉	羊肉		
1978	856.3	856.3					
1979	1 062.4	1 062.4	1 001.4	23.0	38.0		
1980	1 205.4	1 205.4	1 134.1	26.9	44.5		
1985	1 926.5	1 760.7	1 654.7	46.7	59.3	160.2	5.6
1990	2 857.0	2 513.5	2 281.1	125.6	106.8	322.9	9.6
1991	3 144.4	2 723.8	2 452.3	153.5	118.0	395.0	10.8
1992	3 430.7	2 940.6	2 635.3	180.3	125.0	454.2	18.5
1993	3 841.5	3 225.3	2 854.4	233.6	137.3	573.6	20.4
1994	4 499.3	3 692.7	3 204.8	327.0	160.9	755.2	22.9
1995	4 076.4	3 304.0	2 853.5	298.5	152.0	724.3	20.7
1996	4 584.0	3 694.7	3 158.0	355.7	181.0	832.7	23.7
1997	5 268.8	4 249.9	3 596.3	440.9	212.8	978.5	28.1
1998	5 723.8	4 598.2	3 883.7	479.9	234.6	1 056.3	30.8
1999	5 949.0	4 762.3	4 005.6	505.4	251.3	1 115.5	31.0
2000	6 013.9	4 743.2	3 966.0	513.1	264.1	1 191.1	37.0
2001	6 105.8	4 832.1	4 051.7	508.6	271.8	1 176.1	40.6
2002	6 234.3	4 928.4	4 123.1	521.9	283.5	1 197.1	42.3
2003	6 443.3	5 089.8	4 238.6	542.5	308.7	1 239.0	43.8
2004	6 608.7	5 234.3	4 341.0	560.4	332.9	1 257.8	46.7
2005	6 938.9	5 473.5	4 555.3	568.1	350.1	1 344.2	51.1
2006	7 099.9	5 608.4	4 650.3	590.3	367.7	1 363.1	54.4
2007	6 916.4	5 319.8	4 307.9	626.2	385.7	1 457.3	64.6
2008	7 370.9	5 692.9	4 682.0	617.7	393.2	1 550.1	58.3
2009	7 706.7	5 958.5	4 932.8	626.2	399.4	1 618.7	58.2
2010	7 993.6	6 173.5	5 138.4	629.1	406.0	1 688.9	59.6
2011	8 023.0	6 140.3	5 131.6	610.7	398.0	1 751.2	59.0
2012	8 471.1	6 462.8	5 443.5	614.7	404.5	1 878.9	58.3
2013	8 632.8	6 641.6	5 618.6	613.1	409.9	1 861.6	58.0
2014	8 817.9	6 864.2	5 820.8	615.7	427.6	1 825.4	57.4
2015	8 749.5	6 702.2	5 645.4	616.9	439.9	1 919.5	55.3
2016	8 628.3	6 502.6	5 425.5	616.9	460.3	2 001.7	53.5
2017	8 654.4	6 557.5	5 451.8	634.6	471.1	1 981.7	46.9
2018	8 624.6	6 522.9	5 403.7	644.1	475.1	1 993.7	46.6
2019	7 758.8	5 410.1	4 255.3	667.3	487.5	2 238.6	45.8

3-1　续表 1

单位：万吨

年　份	牛奶产量	羊毛总产量（吨）	山羊毛总产量（吨）		
				山羊粗毛（吨）	山羊绒（吨）
1978	88.3	152 000.0	14 000.0	10 000.0	4 000.0
1979	106.5	169 000.0	16 000.0	12 000.0	4 000.0
1980	114.1	191 420.0	15 692.0	11 687.0	4 005.0
1985	249.9	191 453.8	13 500.8	10 512.0	2 988.8
1990	415.7	261 714.0	22 257.0	16 506.0	5 751.0
1991	464.6	262 035.0	22 428.0	16 498.0	5 930.0
1992	503.1	261 574.0	23 382.0	17 496.0	5 886.0
1993	498.6	265 808.0	25 499.0	19 020.0	6 479.0
1994	528.8	286 554.0	31 895.0	24 559.0	7 336.0
1995	576.4	315 830.0	38 455.0	29 973.0	8 482.0
1996	629.4	342 971.0	44 869.0	35 284.0	9 585.0
1997	601.1	289 550.0	34 491.0	25 865.0	8 626.0
1998	662.9	318 761.0	41 216.0	31 417.0	9 799.0
1999	717.6	325 181.0	42 029.0	31 849.0	10 180.0
2000	827.4	336 825.0	44 323.0	33 266.0	11 057.0
2001	1 025.5	343 462.5	45 208.5	34 240.5	10 968.0
2002	1 299.8	354 812.1	47 224.1	35 459.1	11 765.0
2003	1 746.3	388 277.7	50 219.7	36 691.7	13 528.0
2004	2 260.6	426 143.8	52 241.8	37 727.1	14 514.7
2005	2 753.4	445 510.9	52 338.9	36 903.9	15 435.0
2006	2 944.6	439 037.0	51 394.1	35 171.1	16 222.9
2007	2 947.1	422 072.8	50 997.9	35 333.2	15 664.7
2008	3 010.6	421 675.4	52 010.8	35 477.2	16 533.6
2009	2 995.1	410 623.9	52 502.8	35 909.6	16 593.2
2010	3 038.9	439 199.2	54 073.8	36 225.9	17 847.9
2011	3 109.9	441 683.0	55 196.2	38 070.3	17 125.9
2012	3 174.9	451 440.7	57 716.1	40 505.3	17 210.8
2013	3 000.8	459 603.0	57 522.2	40 214.9	17 307.2
2014	3 159.9	464 350.6	57 120.5	38 655.4	18 465.1
2015	3 179.8	467 304.2	54 170.4	35 486.8	18 683.6
2016	3 064.0	466 271.9	54 629.5	35 785.3	18 844.2
2017	3 038.6	461 237.5	50 715.0	32 862.7	17 852.3
2018	3 074.6	399 010.3	42 402.7	26 965.0	15 437.8
2019	3 201.2	380 959.8	39 839.7	24 875.3	14 964.4

3-1 续表 2

单位：万吨

年份	绵羊毛产量（吨）	细羊毛#（吨）	半细羊毛#（吨）	蜂蜜产量	禽蛋产量
1978	138 000.0				
1979	153 000.0				
1980	175 728.0	69 035.0	34 587.0	9.6	256.6
1985	177 953.0	85 861.0	32 070.0	15.5	534.7
1990	239 457.0	119 457.0	44 246.0	19.3	794.6
1991	239 607.0	108 613.0	55 839.0	20.6	922.0
1992	238 192.0	106 201.0	52 478.0	17.8	1 019.9
1993	240 309.0	109 969.0	53 624.0	17.5	1 179.8
1994	254 659.0	113 357.0	58 337.0	17.7	1 479.0
1995	277 375.0	114 219.0	70 369.0	17.8	1 676.7
1996	298 102.0	121 020.0	74 099.0	18.3	1 965.2
1997	255 059.0	116 054.0	55 683.0	21.1	1 897.1
1998	277 545.0	115 752.0	68 775.0	20.7	2 021.3
1999	283 152.0	114 103.0	73 700.0	23.0	2 134.7
2000	292 502.0	117 386.0	84 921.0	24.6	2 182.0
2001	298 254.0	114 651.0	88 075.0	25.2	2 210.1
2002	307 588.0	112 193.0	102 419.0	26.5	2 265.7
2003	338 058.0	120 263.0	110 249.0	28.9	2 333.1
2004	373 902.0	130 413.0	119 514.0	29.3	2 370.6
2005	393 172.0	127 862.0	123 068.0	29.3	2 438.1
2006	387 642.9	130 959.3	116 043.0	33.4	2 424.0
2007	371 074.9	124 262.2	108 635.0	38.0	2 546.7
2008	369 664.6	119 278.9	105 272.4	38.5	2 699.6
2009	358 121.1	124 364.8	109 013.3	39.7	2 751.9
2010	385 125.4	123 504.2	113 997.9	38.2	2 776.9
2011	386 486.8	132 876.7	113 305.3	41.2	2 830.4
2012	393 724.6	124 716.0	127 312.9	43.8	2 885.4
2013	402 080.8	131 729.9	128 335.4	43.7	2 905.5
2014	407 230.1	122 250.8	132 692.8	46.3	2 930.3
2015	413 133.8	130 536.6	134 905.3	47.3	3 046.1
2016	411 642.4	129 164.2	137 972.7	55.5	3 160.5
2017	410 522.5	127 920.7	133 458.5	54.3	3 096.3
2018	356 607.6	117 891.3	120 429.9	44.7	3 128.3
2019	341 120.2	108 972.8	113 283.8	44.4	3 309.0

3-2 全国主要牲畜年末存栏量

单位：万头、万只

年 份	大牲畜	牛	马	驴	骡
1978	9 389.0	7 072.4	1 124.5	748.1	386.8
1979	9 459.0	7 134.6	1 114.5	747.3	402.3
1980	9 524.6	7 167.6	1 104.2	774.8	416.6
1985	11 381.8	8 682.0	1 108.1	1 041.5	497.2
1990	13 021.3	10 288.4	1 017.4	1 119.8	549.4
1991	13 192.6	10 459.2	1 009.4	1 115.8	560.6
1992	13 485.1	10 784.0	1 001.7	1 098.3	561.0
1993	13 987.5	11 315.7	995.9	1 088.6	549.8
1994	14 918.7	12 231.8	1 003.8	1 092.3	555.2
1995	12 728.4	10 420.1	861.1	945.5	476.9
1996	13 360.6	11 031.8	871.5	944.4	478.0
1997	14 541.8	12 182.2	891.2	952.8	480.6
1998	14 803.2	12 441.9	898.1	955.8	473.9
1999	15 024.8	12 698.3	891.4	934.8	467.3
2000	14 638.1	12 353.2	876.6	922.7	453.0
2001	13 980.9	11 809.2	826.0	881.5	436.2
2002	13 672.3	11 567.8	808.8	849.9	419.4
2003	13 467.3	11 434.4	790.0	820.7	395.7
2004	13 191.4	11 235.4	763.9	791.9	374.0
2005	12 894.8	10 990.8	740.0	777.2	360.4
2006	12 325.7	10 503.1	719.3	730.9	345.5
2007	11 998.2	10 397.5	646.7	638.9	291.0
2008	11 529.7	10 068.0	594.7	600.4	243.8
2009	11 380.8	10 035.9	562.3	540.4	219.7
2010	11 074.6	9 820.0	529.9	510.1	191.5
2011	10 580.0	9 384.0	515.4	485.3	171.1
2012	10 248.4	9 137.3	465.2	462.4	159.0
2013	10 008.6	8 985.8	431.7	425.7	138.0
2014	9 952.0	9 007.3	415.8	383.6	117.4
2015	9 929.8	9 055.8	397.5	342.4	104.1
2016	9 559.9	8 834.5	351.2	259.3	84.5
2017	9 763.6	9 038.7	343.6	267.8	81.1
2018	9 625.5	8 915.3	347.3	253.3	75.8
2019	9 877.4	9 138.3	367.1	260.1	71.4

3－2　续表

单位：万头、万只

年　份		猪	羊		
	骆驼			山羊	绵羊
1978	57.4	30 129.0	16 994.0	7 354.0	9 640.0
1979	60.4	31 971.0	18 314.0	8 057.0	10 257.0
1980	61.4	30 543.1	18 731.1	8 068.4	10 662.7
1985	53.0	33 139.6	15 588.4	6 167.4	9 421.0
1990	46.3	36 240.8	21 002.1	9 720.5	11 281.6
1991	44.1	36 964.6	20 621.0	9 535.5	11 085.5
1992	40.1	38 421.1	20 732.9	9 761.0	10 971.9
1993	37.3	39 300.1	21 731.4	10 569.6	11 161.8
1994	35.6	41 461.5	24 052.8	12 308.3	11 744.4
1995	34.1	35 040.8	21 748.7	10 794.0	10 945.7
1996	34.5	36 283.6	23 728.3	12 315.8	11 412.5
1997	35.0	40 034.8	25 575.7	13 480.1	12 095.6
1998	33.5	42 256.3	26 903.5	14 168.3	12 735.2
1999	33.0	43 144.2	27 925.8	14 816.3	13 109.5
2000	32.6	41 633.6	27 948.2	14 945.6	13 002.6
2001	27.9	41 950.5	27 625.0	14 562.3	13 062.8
2002	26.4	41 776.2	28 240.9	14 841.2	13 399.7
2003	26.5	41 381.8	29 307.4	14 967.9	14 339.5
2004	26.2	42 123.4	30 426.0	15 195.5	15 230.5
2005	26.6	43 319.1	29 792.7	14 659.0	15 133.7
2006	26.9	41 854.4	28 337.6	13 956.1	14 381.5
2007	24.1	43 933.2	28 606.7	14 564.1	14 042.5
2008	22.8	46 433.1	28 823.7	15 067.0	13 756.7
2009	22.6	47 177.2	29 063.0	14 734.0	14 328.9
2010	23.0	46 765.2	28 730.2	14 195.0	14 535.2
2011	24.3	47 074.8	28 664.1	14 087.4	14 576.7
2012	24.5	48 030.2	28 512.7	13 932.3	14 580.4
2013	27.4	47 893.1	28 935.2	13 657.5	15 277.7
2014	28.0	47 160.2	30 391.3	14 167.5	16 223.8
2015	30.1	45 802.9	31 174.3	14 507.5	16 666.8
2016	30.5	44 209.2	29 930.5	13 691.8	16 238.8
2017	32.3	44 158.9	30 231.7	13 823.8	16 407.9
2018	33.8	42 817.1	29 713.5	13 574.7	16 138.8
2019	40.5	31 040.7	30 072.1	13 723.2	16 349.0

3-3 全国主要畜禽年出栏量

单位：万头、万只

年 份	猪	牛	羊	家禽	兔
1978	16 109.5	240.3	2 621.9		
1979	18 767.6	296.8	3 543.4		
1980	19 860.7	332.2	4 241.9		
1985	23 875.2	456.5	5 080.5		
1990	30 991.0	1 088.3	8 931.4	243 391.1	7 314.9
1991	32 897.1	1 303.9	9 816.2	282 357.5	8 468.9
1992	35 169.7	1 519.2	10 266.6	319 254.3	14 343.9
1993	37 720.1	1 897.1	11 146.9	397 760.3	15 517.6
1994	42 103.2	2 512.7	13 124.8	512 823.2	16 924.7
1995	37 849.6	2 243.0	11 418.0	488 392.6	15 019.9
1996	41 225.2	2 685.9	13 412.5	557 127.2	16 666.6
1997	46 483.7	3 283.9	15 945.5	638 853.2	20 984.5
1998	50 215.1	3 587.1	17 279.5	684 378.7	21 741.3
1999	50 749.0	3 766.2	18 820.4	743 165.1	22 103.0
2000	51 862.3	3 806.9	19 653.4	809 857.1	25 878.2
2001	53 281.1	3 794.8	21 722.5	808 834.8	28 992.5
2002	54 143.9	3 896.2	23 280.8	832 858.9	30 560.2
2003	55 701.8	4 000.1	25 958.3	888 587.8	31 938.4
2004	57 278.5	4 101.0	28 343.0	907 021.8	33 985.9
2005	60 367.4	4 148.7	24 092.0	943 091.4	37 840.4
2006	61 209.0	4 222.0	24 733.9	930 548.3	40 367.7
2007	56 640.9	4 307.0	25 545.7	963 219.8	43 662.5
2008	61 278.9	4 243.1	25 926.6	1 032 426.3	39 199.3
2009	64 990.9	4 292.3	26 434.5	1 076 672.8	38 546.2
2010	67 332.7	4 318.3	26 808.3	1 122 429.1	39 239.0
2011	67 030.0	4 200.6	26 232.2	1 160 716.8	38 046.3
2012	70 724.5	4 219.3	26 606.2	1 244 696.4	37 775.4
2013	72 768.0	4 189.9	26 962.7	1 232 371.6	37 591.3
2014	74 951.5	4 200.4	28 051.4	1 202 592.0	36 699.5
2015	72 415.6	4 211.4	28 761.4	1 259 132.0	35 888.4
2016	70 073.9	4 265.0	30 005.3	1 319 534.2	35 056.7
2017	70 202.1	4 340.3	30 797.7	1 302 190.6	31 955.3
2018	69 382.4	4 397.5	31 010.5	1 308 936.0	31 670.9
2019	54 419.2	4 533.9	31 698.9	1 464 062.2	31 323.1

3-4　全国畜牧生产及增长情况

单位：万头、万只、万吨

项　　目	2019年	2018年	2019年比2018年增加	
			绝对数	%
当年畜禽出栏				
一、大牲畜				
1. 牛	4 533.9	4 397.5	136.4	3.1
2. 马	100.0	92.1	7.9	8.6
3. 驴	113.9	105.7	8.2	7.7
4. 骡	13.0	15.0	−2.0	−13.2
5. 骆驼	12.9	10.1	2.8	28.2
二、猪	54 419.2	69 382.4	−14 963.1	−21.6
三、羊	31 698.9	31 010.5	688.4	2.2
1. 山羊	15 141.5	14 805.9	335.5	2.3
2. 绵羊	16 557.5	16 204.6	352.9	2.2
四、家禽	1 464 062.2	1 308 936.0	155 126.2	11.9
五、兔	31 323.1	31 670.9	−347.8	−1.1
期末存栏				
一、大牲畜	9 877.4	9 625.5	251.9	2.6
1. 牛	9 138.3	8 915.3	223.0	2.5
其中：肉牛	6 998.0	6 618.4	379.6	5.7
奶牛	1 044.7	1 037.7	6.9	0.7
役用牛	1 095.6	1 259.1	−163.6	−13.0
2. 马	367.1	347.3	19.8	5.7
3. 驴	260.1	253.3	6.8	2.7
4. 骡	71.4	75.8	−4.3	−5.7
5. 骆驼	40.5	33.8	6.7	19.8
二、猪	31 040.7	42 817.1	−11 776.4	−27.5
其中：能繁母猪	3 080.5	4 261.0	−1 180.5	−27.7

3－4　续表

单位：万头、万只、万吨

项　　目	2019 年	2018 年	2019 年比 2018 年增加	
			绝对数	%
三、羊	30 072.1	29 713.5	358.6	1.2
1. 山羊	13 723.2	13 574.7	148.5	1.1
2. 绵羊	16 349.0	16 138.8	210.1	1.3
四、家禽	652 203.3	603 738.7	48 464.6	8.0
五、兔	11 937.7	12 033.9	－96.2	－0.8
畜产品产量				
一、肉类总产量	7 758.8	8 624.6	－865.9	－10.0
1. 牛肉	667.3	644.1	23.2	3.6
平均每头产肉量（千克/头）	147.2	146.5	0.7	0.5
2. 猪肉	4 255.3	5 403.7	－1 148.4	－21.3
平均每头产肉量（千克/头）	78.2	77.9	0.3	0.4
3. 羊肉	487.5	475.1	12.5	2.6
平均每头产肉量（千克/头）	15.4	15.3	0.1	0.4
4. 禽肉	2 238.6	1 993.7	245.0	12.3
5. 兔肉	45.8	46.6	－0.8	－1.7
二、奶类产量	3 297.6	3 176.8	120.8	3.8
其中：牛奶产量	3 201.2	3 074.6	126.7	4.1
三、山羊毛总产量（吨）	39 839.7	42 402.7	－2 563.0	－6.0
其中：山羊粗毛产量（吨）	24 875.3	26 965.0	－2 089.7	－7.7
山羊绒产量（吨）	14 964.4	15 437.8	－473.3	－3.1
四、绵羊毛产量（吨）	341 120.2	356 607.6	－15 487.4	－4.3
其中：细羊毛（吨）	108 972.8	117 891.3	－8 918.4	－7.6
半细羊毛（吨）	113 283.8	120 429.9	－7 146.1	－5.9
五、蜂蜜产量	44.4	44.7	－0.3	－0.6
六、禽蛋产量	3 309.0	3 128.3	180.7	5.8
七、蚕茧产量	83.3	83.1	0.2	0.2
其中：桑蚕茧	77.2	76.4	0.8	1.1
柞蚕茧	6.1	6.7	－0.6	－9.0

3-5 各地区主要畜禽年出栏量

单位：万头、万只

地　区	猪	牛	羊	家禽	兔
全国总计	**54 419.2**	**4 533.9**	**31 698.9**	**1 464 062.2**	**31 323.1**
北　京	28.4	4.2	22.6	1 113.1	1.5
天　津	197.8	14.1	34.2	6 786.5	3.7
河　北	3 119.8	349.1	2 234.5	66 628.3	293.5
山　西	739.9	44.8	554.6	14 055.6	166.3
内蒙古	758.4	383.3	6 458.3	10 598.0	335.4
辽　宁	2 240.2	188.1	601.6	81 610.3	25.4
吉　林	1 361.1	258.7	392.8	48 804.6	139.3
黑龙江	1 701.5	281.0	751.4	25 900.1	59.3
上　海	117.8	0.0	14.0	844.5	4.7
江　苏	1 921.8	16.1	639.4	69 960.9	1 410.7
浙　江	756.1	8.6	134.5	19 501.2	271.5
安　徽	2 292.6	61.8	1 314.1	103 151.2	160.8
福　建	1 297.3	19.6	155.9	99 437.8	1 066.9
江　西	2 546.8	125.2	144.1	53 954.6	311.4
山　东	3 176.4	345.9	2 701.1	230 749.6	3 133.5
河　南	4 502.1	238.4	2 301.1	108 816.0	1 916.0
湖　北	3 189.2	109.5	615.9	59 394.0	168.6
湖　南	4 812.9	162.5	971.5	51 057.0	597.5
广　东	2 940.2	33.3	110.9	121 183.5	330.1
广　西	2 505.8	124.6	217.5	101 660.6	570.4
海　南	370.3	22.8	87.2	18 403.7	3.2
重　庆	1 480.4	54.9	449.4	22 415.2	2 269.2
四　川	4 852.6	291.7	1 780.2	78 756.6	16 759.7
贵　州	1 678.6	168.6	293.6	15 004.8	598.9
云　南	3 423.1	326.4	1 137.2	31 598.6	75.2
西　藏	12.6	137.5	332.8	176.0	
陕　西	1 036.6	57.6	589.3	6 324.5	166.8
甘　肃	648.7	214.8	1 548.2	4 175.2	69.3
青　海	98.8	148.1	804.4	498.2	15.1
宁　夏	96.6	71.9	579.7	1 723.9	22.6
新　疆	515.0	270.9	3 727.0	9 778.2	376.7

3－6　各地区主要畜禽年末存栏量

单位：万头、万只

地　区	大牲畜	牛				马	驴	骡	骆驼
			肉牛	奶牛	役用牛				
全国总计	**9 877.4**	**9 138.3**	**6 998.0**	**1 044.7**	**1 095.6**	**367.1**	**260.1**	**71.4**	**40.5**
北　京	8.5	8.1	2.4	5.7	0.0	0.1	0.2	0.0	
天　津	26.7	25.7	14.7	11.0	0.0	0.1	1.0	0.0	0.0
河　北	377.0	350.1	203.1	114.8	32.2	6.3	16.1	4.4	0.1
山　西	118.9	103.8	55.5	31.9	16.5	0.9	11.4	2.8	0.0
内蒙古	786.9	626.1	499.8	122.5	3.8	67.1	69.3	7.2	17.3
辽　宁	314.6	264.4	230.9	27.4	6.1	5.5	40.1	4.5	0.0
吉　林	338.4	331.5	316.2	15.3	0.0	3.6	3.0	0.4	
黑龙江	492.6	474.9	365.8	107.6	1.6	12.1	4.9	0.7	
上　海	5.2	5.2	0.0	5.2	0.0	0.0			
江　苏	29.0	27.7	15.2	12.5	0.0	0.1	0.7	0.4	
浙　江	13.2	13.2	9.5	3.1	0.7				
安　徽	88.2	87.8	65.0	14.5	8.3	0.1	0.3	0.0	
福　建	29.7	29.7	12.9	4.3	12.5				
江　西	257.3	257.3	231.0	3.5	22.9				
山　东	371.9	364.2	252.5	89.9	21.8	0.7	6.8	0.2	
河　南	388.3	385.1	257.3	35.6	92.2	0.7	2.1	0.3	
湖　北	243.6	243.2	134.0	4.6	104.5	0.3	0.1	0.0	
湖　南	412.0	410.4	338.8	6.0	65.6	1.4	0.2	0.1	
广　东	120.6	120.6	82.9	6.0	31.7	0.0			
广　西	354.0	337.0	101.6	5.2	230.2	14.5	0.0	2.4	
海　南	51.2	51.2	45.5	0.1	5.5				
重　庆	104.8	103.4	80.2	1.1	22.1	1.1	0.1	0.3	
四　川	944.5	851.7	502.3	79.8	269.5	75.6	8.5	8.8	
贵　州	508.2	493.0	431.7	1.3	60.0	14.7	0.1	0.4	
云　南	882.8	827.9	777.5	16.9	33.5	15.5	16.2	23.2	
西　藏	654.7	621.9	525.2	44.0	52.7	27.9	3.7	1.1	
陕　西	153.5	150.2	121.6	27.4	1.1	0.2	2.8	0.4	
甘　肃	518.1	458.2	427.1	30.7	0.4	11.6	32.5	12.8	3.0
青　海	508.9	494.6	475.5	19.1	0.0	11.5	0.6	0.4	1.7
宁　夏	144.4	140.9	97.1	43.7	0.0	0.1	3.2	0.2	0.0
新　疆	629.8	479.4	325.3	154.0	0.2	95.5	36.1	0.3	18.5

3-6 续表

单位：万头、万只

地区	猪	能繁母猪	羊	山羊	绵羊	家禽	兔
全国总计	**31 040.7**	**3 080.5**	**30 072.1**	**13 723.2**	**16 349.0**	**652 203.3**	**11 937.7**
北京	13.2	1.4	16.9	4.8	12.1	974.8	0.3
天津	124.3	14.5	39.2	5.0	34.3	2 432.8	1.7
河北	1 418.4	141.4	1 194.9	364.3	830.6	39 466.6	125.9
山西	451.4	48.7	868.9	343.0	525.9	12 129.0	77.1
内蒙古	429.6	52.9	5 975.9	1 623.2	4 352.7	5 194.4	151.0
辽宁	1 055.2	136.6	783.6	398.7	384.9	41 205.1	15.7
吉林	792.8	85.2	402.4	54.5	347.9	17 363.4	26.1
黑龙江	1 173.2	112.1	767.2	154.1	613.1	16 488.0	41.0
上海	50.7	5.3	13.0	12.2	0.8	558.6	2.6
江苏	577.4	62.8	356.2	338.3	17.9	30 561.3	376.6
浙江	427.3	40.2	117.5	44.4	73.1	8 616.7	146.6
安徽	1 091.8	96.5	548.1	547.3	0.9	27 406.5	126.7
福建	641.5	60.3	105.7	105.7		19 451.5	506.0
江西	1 006.3	95.6	110.2	110.2		22 468.7	135.6
山东	2 176.5	200.6	1 837.4	875.0	962.5	78 537.4	1 492.0
河南	3 170.5	301.2	1 898.8	1 620.2	278.6	69 601.7	1 035.5
湖北	1 617.9	162.5	553.4	553.4		36 214.9	106.2
湖南	2 698.3	248.0	712.2	712.2		36 333.2	245.3
广东	1 333.8	131.0	93.6	93.6		40 089.4	152.3
广西	1 599.6	181.1	231.2	231.2		38 296.1	154.8
海南	162.9	21.1	67.6	67.5	0.1	6 109.6	1.4
重庆	921.6	88.2	318.8	318.7	0.1	11 826.8	765.3
四川	2 870.7	274.0	1 504.1	1 339.5	164.6	43 949.4	5 619.8
贵州	1 171.3	107.1	380.2	359.3	20.9	10 640.7	155.7
云南	2 342.5	223.0	1 307.0	1 211.6	95.4	16 085.1	65.5
西藏	31.2	9.8	1 017.0	331.9	685.1	130.0	
陕西	795.7	74.9	815.1	676.5	138.6	7 760.2	118.2
甘肃	480.3	52.1	1 987.1	429.2	1 557.9	4 480.0	58.0
青海	34.7	3.9	1 326.9	162.7	1 164.2	149.4	7.2
宁夏	73.4	8.8	568.5	108.8	459.7	1 284.4	20.2
新疆	306.8	39.6	4 153.8	526.6	3 627.2	6 397.8	207.4

3－7　全国肉类产品产量构成

单位：%

年　份	肉类总产量					
		猪肉	牛肉	羊肉	禽肉	其他
1985	100	85.9	2.4	3.1	8.3	0.3
1986	100	85.0	2.8	2.9	8.9	0.4
1987	100	82.8	3.6	3.2	9.9	0.5
1988	100	81.4	3.9	3.2	11.1	0.5
1989	100	80.8	4.1	3.7	10.7	0.8
1990	100	79.8	4.4	3.7	11.3	0.7
1991	100	78.0	4.9	3.8	12.6	0.8
1992	100	76.8	5.3	3.6	13.2	1.0
1993	100	74.3	6.1	3.6	14.9	1.1
1994	100	71.2	7.3	3.6	16.8	1.1
1995	100	70.0	7.3	3.7	17.8	1.2
1996	100	68.9	7.8	3.9	18.2	1.2
1997	100	68.3	8.4	4.0	18.6	0.8
1998	100	67.9	8.4	4.1	18.5	1.2
1999	100	67.3	8.5	4.2	18.8	1.2
2000	100	65.9	8.5	4.4	19.8	1.3
2001	100	66.4	8.3	4.5	19.3	1.6
2002	100	66.1	8.4	4.5	19.2	1.7
2003	100	65.8	8.4	4.8	19.2	1.8
2004	100	65.7	8.5	5.0	19.0	1.8
2005	100	65.6	8.2	5.0	19.4	1.7
2006	100	65.5	8.3	5.2	19.2	1.8
2007	100	62.3	9.1	5.6	21.1	2.0
2008	100	63.5	8.4	5.3	21.0	1.7
2009	100	64.0	8.1	5.2	21.0	1.7
2010	100	64.3	7.9	5.1	21.1	1.6
2011	100	64.0	7.6	5.0	21.8	1.6
2012	100	64.3	7.3	4.8	22.2	1.5
2013	100	65.1	7.1	4.7	21.6	1.5
2014	100	66.0	7.0	4.8	20.7	1.5
2015	100	64.5	7.1	5.0	21.9	1.5
2016	100	62.9	7.1	5.3	23.2	1.4
2017	100	63.0	7.3	5.4	22.9	1.3
2018	100	62.7	7.5	5.5	23.1	1.3
2019	100	54.8	8.6	6.3	28.9	1.4

3-8 各地区肉类产量

单位：万吨

地 区	肉类总产量				
		猪肉#	牛肉#	羊肉#	禽肉#
全国总计	**7 758.8**	**4 255.3**	**667.3**	**487.5**	**2 238.6**
北 京	5.1	2.3	0.7	0.4	1.7
天 津	30.4	15.6	2.5	0.8	11.3
河 北	433.4	241.9	57.2	31.0	99.5
山 西	91.0	56.8	6.6	8.0	18.7
内 蒙 古	264.6	62.6	63.8	109.8	20.7
辽 宁	367.9	189.4	29.6	6.8	139.8
吉 林	243.2	108.3	41.9	4.7	86.9
黑 龙 江	237.1	135.2	45.5	12.7	42.3
上 海	10.8	8.9	0.0	0.2	1.3
江 苏	274.5	146.2	2.9	6.5	115.2
浙 江	94.3	60.2	1.3	2.3	29.9
安 徽	402.8	197.8	9.5	18.8	174.6
福 建	255.2	103.0	2.1	2.2	141.9
江 西	299.8	206.8	13.1	2.3	75.9
山 东	704.0	254.7	73.3	36.9	333.7
河 南	560.4	344.4	36.2	28.1	145.2
湖 北	349.2	243.0	16.0	9.9	79.5
湖 南	459.4	348.5	19.0	15.9	73.4
广 东	412.1	221.9	4.1	2.0	176.2
广 西	380.0	192.1	12.4	3.5	162.9
海 南	67.1	29.5	2.2	1.2	32.7
重 庆	163.8	112.1	7.3	6.8	34.1
四 川	559.5	353.4	36.4	27.1	119.7
贵 州	205.9	150.3	21.5	5.0	25.7
云 南	405.9	287.5	39.0	20.0	57.8
西 藏	28.4	0.8	21.2	5.8	0.3
陕 西	109.5	80.9	8.5	9.3	10.2
甘 肃	101.7	48.0	22.7	25.0	4.8
青 海	37.4	7.7	14.6	13.9	0.9
宁 夏	33.5	7.8	11.5	10.4	3.6
新 疆	170.7	37.6	44.5	60.3	18.1

3-9 各地区羊毛、羊绒产量

单位：吨

地区	羊毛总产量	山羊毛总产量	山羊粗毛	山羊绒	绵羊毛产量	细羊毛#	半细羊毛#
全国总计	**380 959.8**	**39 839.7**	**24 875.3**	**14 964.4**	**341 120.2**	**108 972.8**	**113 283.8**
北京	32.6	9.4	6.7	2.7	23.1	3.9	12.6
天津	140.9	1.4	1.2	0.3	139.4	27.2	112.0
河北	21 690.1	2 594.3	1 961.7	632.6	19 095.9	3 886.1	12 389.3
山西	10 295.7	2 503.5	1 354.9	1 148.6	7 792.2	2 440.3	4 054.5
内蒙古	126 572.2	11 697.5	5 385.5	6 312.0	114 874.7	60 966.1	22 312.7
辽宁	6 908.8	2 416.9	1 335.2	1 081.7	4 492.0	435.7	3 754.9
吉林	10 231.3	681.8	608.5	73.4	9 549.5	3 175.3	6 369.4
黑龙江	24 971.0	1 361.0	1 226.0	135.0	23 610.0	3 790.0	19 820.0
上海	63.2	60.8	60.8		2.4		
江苏	307.3	7.3	7.3		300.0	74.9	225.1
浙江	1 886.2	349.4	349.4		1 536.8		1 536.8
安徽	172.0	40.0	25.0	15.0	132.0	115.0	17.0
福建							
江西							
山东	9 441.1	2 600.9	2 190.3	410.6	6 840.1	1 750.2	3 046.9
河南	6 447.0	2 797.7	2 467.0	330.6	3 649.3	421.4	2 548.0
湖北	57.0	48.0	48.0		9.0		9.0
湖南	3.0	3.0	2.0	1.0			
广东	3.0	3.0	3.0				
广西							
海南							
重庆	1.3				1.3		1.3
四川	6 230.0	711.0	569.0	142.0	5 519.0	1 735.0	2 863.0
贵州	697.9	84.5	77.1	7.4	613.4	165.8	447.6
云南	1 550.0	233.0	103.0	130.0	1 317.0	285.0	923.0
西藏	9 227.5	1 637.0	843.5	793.5	7 590.5	1 223.4	2 041.1
陕西	6 090.9	3 128.1	1 690.1	1 438.0	2 962.9	1 009.4	1 648.0
甘肃	32 401.7	1 947.7	1 623.1	324.6	30 453.9	8 369.6	5 327.9
青海	19 441.0	1 196.0	817.0	379.0	18 245.0	2 233.0	7 098.0
宁夏	11 325.0	1 344.0	718.0	626.0	9 981.0	3 042.0	2 975.0
新疆	74 772.2	2 382.5	1 402.0	980.5	72 389.7	13 823.7	13 750.7

3-10 各地区其他畜产品产量

单位：万吨

地区	奶类产量	牛奶产量#	禽蛋产量	蜂蜜产量（吨）
全国总计	**3 297.6**	**3 201.2**	**3 309.0**	**444 053.8**
北京	26.4	26.4	9.6	1 229.4
天津	47.4	47.4	19.4	71.3
河北	433.8	428.7	385.9	10 947.3
山西	92.3	91.8	111.4	6 921.5
内蒙古	582.9	577.2	58.1	1 853.6
辽宁	134.7	133.9	307.9	2 571.8
吉林	40.0	39.9	121.5	11 651.0
黑龙江	467.0	465.2	114.3	16 883.0
上海	29.7	29.7	2.9	731.7
江苏	62.4	62.4	212.3	3 684.4
浙江	15.5	15.5	33.6	65 606.0
安徽	33.8	33.8	168.7	17 924.0
福建	15.0	14.5	48.6	16 524.0
江西	7.3	7.3	57.2	20 120.0
山东	234.5	228.0	450.1	4 443.6
河南	208.5	204.1	442.4	61 092.6
湖北	13.4	13.4	178.8	22 914.0
湖南	6.3	6.3	114.7	11 196.8
广东	13.9	13.9	41.5	25 696.0
广西	8.7	8.7	25.1	18 387.8
海南	0.2	0.2	4.8	1 104.0
重庆	4.2	4.2	43.5	20 839.0
四川	66.8	66.7	161.7	55 252.6
贵州	5.3	5.3	23.0	4 018.0
云南	66.7	59.9	35.8	11 413.0
西藏	48.2	42.4	0.5	54.3
陕西	159.7	107.8	64.1	6 921.3
甘肃	44.7	44.1	15.1	4 914.3
青海	35.5	34.9	2.3	153.0
宁夏	183.4	183.4	13.9	1 355.0
新疆	209.4	204.4	40.5	17 579.4

四、畜牧专业统计

4-1　全国种畜禽场站情况

单位：个、头、只、匹、套、箱、枚、万份

指标名称	场数	年末存栏	能繁母畜	当年出场种畜禽	当年生产胚胎	当年生产精液
一、种畜禽场总数	7 686					
(一) 种牛场	518	1 146 599	723 524	107 474	62 653	
1. 种奶牛场	257	834 129	548 842	51 710	44 932	
2. 种肉牛场	214	190 472	109 102	39 905	17 634	
3. 种水牛场	9	4 055	2 467	675	0	
4. 种牦牛场	38	117 943	63 113	15 184	87	
(二) 种马场	31	14 926	8 616	2 230		
(三) 种猪场	3 431	18 435 588	4 670 798	17 405 766		
(四) 种羊场	1 272	2 881 162	1 702 264	1 316 389	181 177	
1. 种绵羊场	823	2 252 977	1 390 573	1 090 872	133 171	
其中：种细毛羊场	130	389 257	254 757	163 529	25 489	
2. 种山羊场	449	628 185	311 691	225 517	48 006	
其中：种绒山羊场	125	112 366	62 568	43 807	537	
(五) 种禽场	2 142					
1. 种蛋鸡场	516	40 687 481				
其中：祖代及以上蛋鸡场	82	3 876 052		60 815 909		
父母代蛋鸡场	434	36 811 429				
2. 种肉鸡场	1 261	102 496 436				
其中：祖代及以上肉鸡场	166	7 641 400		139 854 752		
父母代肉鸡场	1 095	94 855 036				
3. 种鸭场	243	14 793 508				
4. 种鹅场	122	2 107 392				
(六) 种兔场	77	1 792 100				
(七) 种蜂场	69	107 804				
(八) 其他	146					
二、种畜站总数	1 338					
1. 种公牛站	41	3 619				2 933.5
2. 种公羊站	16	3 742				1.4
3. 种公猪站	1 281	90 550				3 161.6

4-2　全国畜牧技术机构基本情况

项　　目	单位	畜牧站	家畜繁育改良站	草原工作站	饲料监察所
一、省级机构数	个	33	9	7	21
在编干部职工总数	人	1 392	412	141	565
其中按职称分					
高级技术职称	人	477	102	58	276
中级技术职称	人	429	106	27	147
初级技术职称	人	212	66	14	52
其中按学历分					
研究生	人	330	44	49	184
大学本科	人	695	211	60	302
大学专科	人	176	82	8	61
中专	人	43	43	6	12
离退休人员	人	923	323	61	244
二、地（市）级机构数	个	283	49	46	64
在编干部职工总数	人	4 652	836	336	630
其中按职称分					
高级技术职称	人	1 326	200	85	127
中级技术职称	人	1 388	196	113	177
初级技术职称	人	817	152	74	101

4-2 续表

项　　目	单位	畜牧站	家畜繁育改良站	草原工作站	饲料监察所
其中按学历分					
研究生	人	707	85	37	118
大学本科	人	2 635	332	173	335
大学专科	人	802	167	76	105
中专	人	255	77	27	45
离退休人员	人	2 637	728	144	240
三、县（市）级机构数	个	2 446	555	348	441
在编干部职工总数	人	39 312	4 516	2 251	3 930
其中按职称分					
高级技术职称	人	6 688	783	413	481
中级技术职称	人	12 640	1 473	825	1 393
初级技术职称	人	10 144	1 148	606	1 087
其中按学历分					
研究生	人	1 372	118	57	63
大学本科	人	15 902	1 498	877	1 153
大学专科	人	13 320	1 457	900	1 509
中专	人	5 507	825	307	750
离退休人员	人	18 613	2 354	773	719

4-3　全国乡镇畜牧兽医站基本情况

项　　目	单位	数量
一、站数	个	28 399
二、职工总数	人	148 072
在编人数	人	113 874
其中按职称分		
高级技术职称	人	9 682
中级技术职称	人	36 865
初级技术职称	人	43 267
技术员	人	20 081
其中按学历分		
研究生	人	940
大学本科	人	31 445
大学专科	人	51 218
中专	人	27 696
三、离退休人员	人	55 696
四、经营情况		
盈余站数	个	1 425
盈余金额	万元	2 654.3
亏损站数	个	1 460
亏损金额	万元	15 187.0
五、全年总收入	万元	1 077 727.4
其中：经营服务收入	万元	55 112.2
六、全年总支出	万元	1 076 423.6
其中：工资总额	万元	756 597.0

4-4 全国牧区县、半牧区县畜牧生产情况

项 目	单位	牧区县	半牧区县
一、基本情况			
牧业人口数	万人	439.6	1 319.2
人均纯收入	元/人	12 700.3	11 202.3
其中：牧业收入	元/人	7 393.3	4 545.2
牧户数	户	1 166 718	3 236 722
其中：定居牧户数	户	1 084 357	3 097 088
二、畜禽饲养情况			
大牲畜年末存栏	头	17 360 077	17 129 126
其中：牛年末存栏	头	15 558 815	14 431 522
其中：能繁母牛	头	7 962 944	7 281 993
当年成活犊牛	头	4 343 503	4 309 929
牦牛年末存栏	头	10 910 169	3 697 807
绵羊年末存栏	只	39 850 671	50 942 325
其中：能繁母羊	只	27 356 573	31 446 376
当年生存栏羔羊	只	8 992 723	13 797 468
细毛羊	只	3 231 948	16 370 123
半细毛羊	只	6 394 934	10 276 166
山羊年末存栏	只	10 127 405	11 294 246
其中：绒山羊	只	7 824 087	6 977 199
三、畜产品产量与出栏情况			
肉类总产量	吨	1 563 252	4 906 482
其中：牛肉产量	吨	685 771	1 002 500
猪肉产量	吨	155 240	2 075 170

4-4 续表

项　　目	单位	牧区县	半牧区县
羊肉产量	吨	645 344	981 746
奶产量	吨	2 231 858	3 769 424
毛产量	吨	72 213	100 975
其中：山羊绒产量	吨	3 917	2 923
山羊毛产量	吨	5 793	6 453
绵羊毛产量	吨	62 650	88 274
其中：细羊毛产量	吨	11 757	33 113
半细羊毛产量	吨	12 123	20 056
牛皮产量	万张	408.3	418.9
羊皮产量	万张	3 022.8	4 203.5
牛出栏	头	5 301 631	6 388 419
羊出栏	头	36 664 681	57 725 618
四、畜产品出售情况			
出售肉类总产量	吨	1 281 318	4 027 386
其中：牛肉产量	吨	557 892	813 009
猪肉产量	吨	125 633	1 813 703
羊肉产量	吨	568 347	816 357
出售奶总量	吨	1 660 043	3 181 282
出售羊绒总量	吨	3 731	2 718
出售羊毛总量	吨	57 297	81 411

4-5 全国生猪饲养规模比重变化情况

单位：%

项 目	2019年	2018年
年出栏1~49头	21.0	23.7
年出栏50头以上	79.0	76.3
年出栏100头以上	70.1	66.9
年出栏500头以上	53.0	49.1
年出栏1 000头以上	41.8	38.3
年出栏3 000头以上	28.4	26.0
年出栏5 000头以上	21.8	20.3
年出栏10 000头以上	15.4	14.5
年出栏50 000头以上	5.4	5.4

注：此表比重指不同规模年出栏数占全部出栏数比重。

4-6 全国蛋鸡饲养规模比重变化情况

单位：%

项 目	2019年	2018年
年存栏1~499只	12.9	14.0
年存栏500只以上	87.1	86.1
年存栏2 000只以上	78.1	76.2
年存栏10 000只以上	52.0	48.6
年存栏50 000只以上	21.5	18.5
年存栏100 000只以上	13.6	11.2
年存栏500 000只以上	3.7	2.8

注：此表比重指不同规模年存栏数占全部存栏数比重。

4－7　全国肉鸡饲养规模比重变化情况

单位：%

项　　目	2019 年	2018 年
年出栏 1～1 999 只	10.1	10.7
年出栏 2 000 只以上	89.9	89.3
年出栏 10 000 只以上	82.5	80.7
年出栏 30 000 只以上	72.0	69.8
年出栏 50 000 只以上	61.6	59.1
年出栏 100 000 只以上	49.6	80.7
年出栏 500 000 只以上	32.3	30.1
年出栏 100 万只以上	24.6	23.0

注：此表比重指不同规模年出栏数占全部出栏数比重。

4－8　全国奶牛饲养规模比重变化情况

单位：%

项　　目	2019 年	2018 年
年存栏 1～49 头	31.3	34.1
年存栏 50 头以上	68.7	66.0
年存栏 100 头以上	64.0	61.4
年存栏 200 头以上	60.8	59.1
年存栏 500 头以上	53.2	50.7
年存栏 1 000 头以上	42.0	38.9
年存栏 2 000 头以上	30.1	27.8
年存栏 5 000 头以上	16.1	14.6

注：此表比重指不同规模年存栏数占全部存栏数比重。

4-9 全国肉牛饲养规模比重变化情况

单位:%

项　　目	2019年	2018年
年出栏1～9头	50.9	53.0
年出栏10头以上	49.1	47.1
年出栏50头以上	27.4	26.0
年出栏100头以上	17.6	16.9
年出栏500头以上	7.6	7.1
年出栏1 000头以上	4.3	3.9

注：此表比重指不同规模年出栏数占全部出栏数比重。

4-10 全国羊饲养规模比重变化情况

单位:%

项　　目	2019年	2018年
年出栏1～29只	34.6	36.0
年出栏30只以上	65.4	64.0
年出栏100只以上	40.7	38.0
年出栏200只以上	27.4	25.8
年出栏500只以上	15.8	15.5
年出栏1 000只以上	9.9	9.6
年出栏3 000只以上	5.2	5.1

注：此表比重指不同规模年出栏数占全部出栏数比重。

4－11 各地区种畜站当年生产精液情况

单位：万份

地区	种公牛站	种公羊站	种公猪站
全国总计	**2 933.5**	**1.4**	**3 161.6**
北京	150.0	0.0	0.0
天津	12.9	0.0	53.0
河北	257.2	1.0	139.5
山西	100.0	0.0	61.6
内蒙古	387.3	0.0	17.7
辽宁	198.5	0.1	68.5
吉林	472.5	0.0	26.5
黑龙江	38.6	0.0	37.0
上海	22.7	0.0	15.0
江苏	0.0	0.0	158.4
浙江	0.0	0.0	28.9
安徽	32.1	0.0	86.0
福建	0.0	0.0	1.7
江西	55.0	0.0	27.8
山东	152.2	0.0	346.1
河南	781.0	0.0	412.0
湖北	0.0	0.0	80.5
湖南	37.1	0.2	247.9
广东	0.0	0.0	44.6
广西	52.5	0.0	424.8
海南	0.0	0.0	0.0
重庆	0.0	0.0	67.9
四川	25.0	0.0	331.2
贵州	0.0	0.0	12.9
云南	57.8	0.0	330.4
西藏	0.6	0.0	0.0
陕西	20.5	0.0	115.7
甘肃	70.0	0.0	23.4
青海	10.0	0.0	0.0
宁夏	0.0	0.0	2.4
新疆	0.0	0.0	0.0

4-12　各地区种畜禽场站个数

单位：个

地　区	种畜禽场总数	种牛场	种奶牛场	种肉牛场	种水牛场	种牦牛场	种马场	种猪场
全国总计	**7 686**	**518**	**257**	**214**	**9**	**38**	**31**	**3 431**
北　京	63	6	6	0	0	0	2	16
天　津	32	3	2	1	0	0	1	17
河　北	238	8	6	2	0	0	0	111
山　西	266	22	16	6	0	0	0	126
内蒙古	574	78	32	46	0	0	15	59
辽　宁	534	60	56	4	0	0	0	213
吉　林	235	10	1	9	0	0	2	120
黑龙江	131	13	11	2	0	0	1	79
上　海	37	0	0	0	0	0	0	13
江　苏	220	7	6	0	1	0	0	90
浙　江	171	5	2	2	1	0	0	33
安　徽	355	7	2	5	0	0	0	136
福　建	365	21	20	0	1	0	0	220
江　西	161	2	0	2	0	0	0	103
山　东	632	31	24	7	0	0	1	186
河　南	279	15	12	3	0	0	0	158
湖　北	313	9	0	8	1	0	0	212
湖　南	354	22	2	19	1	0	0	249
广　东	411	7	5	2	0	0	1	232
广　西	220	10	1	8	1	0	1	95
海　南	250	13	2	10	1	0	0	121
重　庆	153	5	2	2	1	0	0	82
四　川	450	23	7	4	0	12	0	247
贵　州	103	10	1	9	0	0	0	60
云　南	263	20	2	16	1	1	0	161
西　藏	15	2	0	0	0	2	0	4
陕　西	319	13	4	9	0	0	1	179
甘　肃	253	41	8	28	0	5	1	69
青　海	53	19	2	2	0	15	1	6
宁　夏	29	10	9	1	0	0	0	5
新　疆	207	26	16	7	0	3	4	29

4-12 续表 1

单位：个

地区	种羊场	种绵羊场	种细毛羊场	种山羊场	种绒山羊场	种禽场	种蛋鸡场
全国总计	**1 272**	**823**	**130**	**449**	**125**	**2 142**	**516**
北京	3	3	0	0	0	36	17
天津	3	3	0	0	0	7	5
河北	30	20	4	10	9	86	41
山西	54	37	2	17	9	59	45
内蒙古	404	347	66	57	41	13	2
辽宁	37	9	4	28	28	198	29
吉林	16	13	8	3	1	62	16
黑龙江	6	6	2	0	0	30	4
上海	3	1	0	2	0	6	4
江苏	7	6	0	1	0	113	18
浙江	26	26	0	0	0	78	10
安徽	29	7	0	22	0	165	32
福建	9	0	0	9	0	111	3
江西	14	5	0	9	0	37	15
山东	29	15	2	14	2	353	58
河南	19	17	1	2	0	80	22
湖北	21	4	0	17	0	66	45
湖南	21	0	0	21	0	50	22
广东	2	0	0	2	0	150	16
广西	18	0	0	18	1	96	6
海南	40	0	0	40	1	70	10
重庆	34	0	0	34	0	20	4
四川	54	8	1	46	0	110	28
贵州	10	4	0	6	0	20	3
云南	37	9	4	28	0	40	13
西藏	4	3	1	1	1	5	4
陕西	87	32	5	55	28	33	21
甘肃	125	122	10	3	2	12	5
青海	22	21	1	1	1	2	1
宁夏	8	7	0	1	0	6	5
新疆	100	98	19	2	1	28	12

4-12 续表 2

单位：个

地　区	祖代及以上蛋鸡场	父母代蛋鸡场	种肉鸡场	祖代及以上肉鸡场	父母代肉鸡场	种鸭场	种鹅场
全国总计	**82**	**434**	**1 261**	**166**	**1 095**	**243**	**122**
北　京	8	9	17	10	7	2	0
天　津	0	5	2	0	2	0	0
河　北	5	36	34	8	26	11	0
山　西	0	45	11	0	11	3	0
内蒙古	1	1	6	3	3	5	0
辽　宁	3	26	157	3	154	9	3
吉　林	0	16	42	3	39	4	0
黑龙江	1	3	23	2	21	0	3
上　海	0	4	2	2	0	0	0
江　苏	4	14	69	15	54	20	6
浙　江	5	5	28	4	24	16	24
安　徽	2	30	87	11	76	26	20
福　建	0	3	94	12	82	12	2
江　西	4	11	14	5	9	5	3
山　东	4	54	192	6	186	93	10
河　南	5	17	50	1	49	7	1
湖　北	5	40	19	4	15	1	1
湖　南	1	21	22	0	22	0	6
广　东	4	12	99	13	86	13	22
广　西	2	4	79	9	70	8	3
海　南	0	10	56	1	55	0	4
重　庆	0	4	14	0	14	2	0
四　川	19	9	77	47	30	2	3
贵　州	1	2	17	1	16	0	0
云　南	1	12	22	2	20	1	4
西　藏	2	2	1	0	1	0	0
陕　西	3	18	9	2	7	3	0
甘　肃	0	5	7	2	5	0	0
青　海	0	1	1	0	1	0	0
宁　夏	1	4	1	0	1	0	0
新　疆	1	11	9	0	9	0	7

4-12 续表 3

单位：个

地 区	种兔场	种蜂场	其他	种畜站总数	种公牛站	种公羊站	种公猪站
全国总计	**77**	**69**	**146**	**1 338**	**41**	**16**	**1 281**
北 京	0	0	0	2	1	0	1
天 津	0	0	1	11	1	0	10
河 北	0	0	3	25	3	1	21
山 西	0	2	3	13	1	0	12
内 蒙 古	1	0	4	13	5	1	7
辽 宁	1	1	24	25	2	1	22
吉 林	1	1	23	9	4	0	5
黑 龙 江	0	0	2	27	2	0	25
上 海	1	0	14	2	1	0	1
江 苏	2	0	1	31	0	0	31
浙 江	5	15	9	13	0	0	13
安 徽	1	3	14	19	1	0	18
福 建	4	0	0	2	0	0	2
江 西	1	2	2	6	1	0	5
山 东	10	12	10	54	3	0	51
河 南	1	4	2	65	4	0	61
湖 北	2	2	1	67	1	0	66
湖 南	4	5	3	124	1	1	122
广 东	1	2	16	5	0	0	5
广 西	0	0	0	3	1	0	2
海 南	0	1	5	1	0	0	1
重 庆	4	8	0	19	0	0	19
四 川	13	3	0	269	1	9	259
贵 州	2	0	1	2	0	0	2
云 南	3	2	0	500	2	1	497
西 藏	0	0	0	1	1	0	0
陕 西	3	2	1	20	2	0	18
甘 肃	3	1	1	6	1	1	4
青 海	0	2	1	1	1	0	0
宁 夏	0	0	0	1	0	0	1
新 疆	14	1	5	2	1	1	0

4-13 各地区种畜禽场站年末存栏情况

单位：个、头、只、套、箱、匹

地区	种牛场	种奶牛场	种肉牛场	种水牛场	种牦牛场	种马场
全国总计	**1 146 599**	**834 129**	**190 472**	**4 055**	**117 943**	**14 926**
北京	7 165	7 165	0	0	0	232
天津	3 920	2 972	948	0	0	143
河北	69 891	68 761	1 130	0	0	0
山西	68 634	65 299	3 335	0	0	0
内蒙古	238 477	162 347	76 130	0	0	7 925
辽宁	113 373	112 469	904	0	0	0
吉林	9 376	408	8 968	0	0	77
黑龙江	67 512	63 235	4 277	0	0	69
上海	0	0	0	0	0	0
江苏	17 942	17 782	0	160	0	0
浙江	4 838	4 470	275	93	0	0
安徽	11 480	10 016	1 464	0	0	0
福建	24 871	24 832	0	39	0	0
江西	4 760	0	4 760	0	0	0
山东	109 355	105 785	3 570	0	0	57
河南	35 004	33 088	1 916	0	0	0
湖北	6 401	0	6 185	216	0	0
湖南	10 578	1 192	8 147	1 239	0	0
广东	11 234	10 534	700	0	0	142
广西	9 015	118	8 019	878	0	250
海南	6 398	681	5 336	381	0	0
重庆	1 715	378	1 308	29	0	0
四川	45 154	12 561	1 238	0	31 355	0
贵州	10 461	3 180	7 281	0	0	0
云南	21 454	7 843	12 281	1 020	310	0
西藏	2 080	0	0	0	2 080	0
陕西	24 102	17 077	7 025	0	0	110
甘肃	39 911	13 988	11 174	0	14 749	2 220
青海	68 031	4 666	430	0	62 935	109
宁夏	51 437	49 705	1 732	0	0	0
新疆	52 030	33 577	11 939	0	6 514	3 592

4-13 续表 1

单位：个、头、只、套、箱、匹

地区	种猪场	种羊场	种绵羊场	种细毛羊场	种山羊场	种绒山羊场
全国总计	**18 435 588**	**2 881 162**	**2 252 977**	**389 257**	**628 185**	**112 366**
北京	88 700	3 359	3 359	0	0	0
天津	79 892	66 991	66 991	0	0	0
河北	814 781	85 704	77 845	1 400	7 859	6 359
山西	750 177	82 298	63 183	3 782	19 115	7 170
内蒙古	882 565	636 764	565 034	69 861	71 730	56 466
辽宁	260 492	23 951	10 889	4 484	13 062	13 062
吉林	478 004	31 993	29 567	26 530	2 426	1 602
黑龙江	413 499	12 226	12 226	2 018	0	0
上海	14 246	2 972	1 804	0	1 168	0
江苏	478 863	92 868	92 078	0	790	0
浙江	237 617	89 390	89 390	0	0	0
安徽	575 050	175 649	29 857	0	145 792	0
福建	1 339 093	3 290	0	0	3 290	0
江西	419 902	26 355	17 655	0	8 700	0
山东	760 869	109 249	95 655	46 730	13 594	1 398
河南	2 141 532	77 651	72 001	4 710	5 650	0
湖北	1 321 680	80 371	13 339	0	67 032	0
湖南	1 332 171	17 139	0	0	17 139	0
广东	1 366 948	3 166	0	0	3 166	0
广西	901 769	27 101	0	0	27 101	1 500
海南	480 228	26 288	0	0	26 288	0
重庆	168 835	13 964	0	0	13 964	0
四川	1 055 758	80 435	6 474	1 450	73 961	0
贵州	373 773	15 656	3 516	0	12 140	0
云南	399 597	44 930	6 539	3 206	38 391	0
西藏	13 557	5 453	4 493	2 853	960	960
陕西	681 182	72 582	29 405	15 710	43 177	20 069
甘肃	183 915	376 931	371 681	11 012	5 250	1 400
青海	46 725	153 746	152 866	33 987	880	880
宁夏	17 928	28 623	26 063	0	2 560	0
新疆	356 240	414 067	411 067	161 524	3 000	1 500

4-13　续表 2

单位：个、头、只、套、箱、匹

地　区	种蛋鸡场	祖代及以上蛋鸡场	父母代蛋鸡场	种肉鸡场	祖代及以上肉鸡场	父母代肉鸡场
全国总计	**40 687 481**	**3 876 052**	**36 811 429**	**102 496 436**	**7 641 400**	**94 855 036**
北　京	1 448 493	466 993	981 500	420 050	135 219	284 831
天　津	261 107	0	261 107	63 436	0	63 436
河　北	3 780 795	206 000	3 574 795	1 968 377	260 902	1 707 475
山　西	1 154 762	0	1 154 762	1 063 927	0	1 063 927
内蒙古	177 000	76 000	101 000	1 064 000	76 000	988 000
辽　宁	1 408 580	54 991	1 353 589	9 036 962	60 000	8 976 962
吉　林	774 975	0	774 975	2 630 110	132 500	2 497 610
黑龙江	208 000	8 000	200 000	1 931 714	432 088	1 499 626
上　海	96 138	0	96 138	16 800	16 800	0
江　苏	1 361 610	228 210	1 133 400	4 711 162	528 990	4 182 172
浙　江	507 387	273 200	234 187	1 766 842	313 152	1 453 690
安　徽	1 890 127	42 400	1 847 727	4 177 868	293 000	3 884 868
福　建	159 800	0	159 800	6 181 190	164 030	6 017 160
江　西	912 170	94 270	817 900	1 124 220	323 220	801 000
山　东	3 741 934	233 000	3 508 934	20 604 027	779 537	19 824 490
河　南	11 108 747	789 840	10 318 907	6 934 004	30 000	6 904 004
湖　北	2 297 225	66 000	2 231 225	1 644 456	216 156	1 428 300
湖　南	1 112 036	60 000	1 052 036	2 700 250	0	2 700 250
广　东	2 004 972	307 126	1 697 846	9 020 700	1 528 310	7 492 390
广　西	654 367	402 000	252 367	15 028 422	1 270 333	13 758 089
海　南	321 850	0	321 850	3 065 097	5 000	3 060 097
重　庆	482 605	0	482 605	254 076	0	254 076
四　川	937 043	440 753	496 290	2 949 778	851 763	2 098 015
贵　州	397 879	15 000	382 879	648 351	30 000	618 351
云　南	1 039 100	3 000	1 036 100	1 800 447	122 900	1 677 547
西　藏	34 320	18 269	16 051	14 370	0	14 370
陕　西	607 445	60 000	547 445	522 000	16 000	506 000
甘　肃	108 480	0	108 480	415 300	55 500	359 800
青　海	1 800	0	1 800	4 000	0	4 000
宁　夏	1 081 000	11 000	1 070 000	260 000	0	260 000
新　疆	615 734	20 000	595 734	474 500	0	474 500

4－13　续表 3

单位：个、头、只、套、箱、匹

地　区	种鸭场	种鹅场	种兔场	种蜂场	种公牛站	种公羊站	种公猪站
全国总计	**14 793 508**	**2 107 392**	**1 792 100**	**107 804**	**3 619**	**3 742**	**90 550**
北　京	80 800	0	0	0	208	0	28
天　津	0	0	0	0	45	0	369
河　北	434 600	0	0	0	229	62	2 019
山　西	149 300	0	0	618	92	0	1 379
内蒙古	372 000	0	5 218	0	868	3 000	376
辽　宁	549 600	44 500	762	150	176	0	3 166
吉　林	263 046	0	0	1 300	389	0	187
黑龙江	0	39 200	0	0	171	0	10 933
上　海	0	0	3 200	0	75	0	305
江　苏	921 327	231 440	11 900	0	0	0	1 604
浙　江	356 230	312 741	41 840	3 307	0	0	487
安　徽	1 115 784	152 200	1 200	1 225	32	0	2 335
福　建	365 048	10 350	45 777	0	0	0	15 153
江　西	574 680	11 000	3 254	858	64	0	365
山　东	6 644 252	131 380	201 457	9 955	211	0	4 091
河　南	837 000	14 530	87 853	17 886	487	0	6 400
湖　北	365 000	5 000	6 376	880	60	0	2 301
湖　南	0	291 600	47 250	3 890	52	10	4 290
广　东	254 411	171 617	1 500	300	0	0	419
广　西	1 228 320	8 029	0	0	67	0	2 482
海　南	0	18 040	0	5 000	0	0	60
重　庆	16 300	0	26 224	2 599	0	0	1 137
四　川	10 810	22 682	88 327	2 822	46	396	23 600
贵　州	0	0	13 120	0	0	0	91
云　南	28 000	40 283	36 261	4 483	100	64	4 122
西　藏	0	0	0	0	77	0	0
陕　西	227 000	0	94 420	2	78	0	2 633
甘　肃	0	0	31 500	9 200	62	210	192
青　海	0	0	0	1 137	30	0	0
宁　夏	0	0	0	0	0	0	26
新　疆	0	602 800	1 044 661	42 192	0	0	0

4-14 各地区种畜禽场能繁母畜存栏情况

单位：头、匹、只

地区	种牛场	种奶牛场	种肉牛场	种水牛场	种牦牛场	种马场
全国总计	**723 524**	**548 842**	**109 102**	**2 467**	**63 113**	**8 616**
北京	4 273	4 273	0	0	0	56
天津	1 676	1 451	225	0	0	74
河北	47 223	46 514	709	0	0	0
山西	42 619	40 990	1 629	0	0	0
内蒙古	155 994	111 856	44 138	0	0	4 905
辽宁	102 497	101 863	634	0	0	0
吉林	5 732	362	5 370	0	0	34
黑龙江	35 355	32 671	2 684	0	0	25
上海	0	0	0	0	0	0
江苏	11 761	11 613	0	148	0	0
浙江	2 627	2 401	170	56	0	0
安徽	6 433	5 688	745	0	0	0
福建	13 227	13 212	0	15	0	0
江西	1 230	0	1 230	0	0	0
山东	65 368	62 689	2 679	0	0	50
河南	19 452	18 335	1 117	0	0	0
湖北	3 143	0	3 083	60	0	0
湖南	5 459	584	4 062	813	0	0
广东	7 127	6 847	280	0	0	4
广西	5 909	52	5 342	515	0	145
海南	3 700	385	3 147	168	0	0
重庆	590	318	250	22	0	0
四川	26 387	10 076	766	0	15 545	0
贵州	6 160	2 436	3 724	0	0	0
云南	12 467	4 645	7 012	670	140	0
西藏	689	0	0	0	689	0
陕西	14 485	10 999	3 486	0	0	65
甘肃	21 547	7 516	6 892	0	7 139	1 211
青海	39 781	3 727	316	0	35 738	82
宁夏	28 159	27 174	985	0	0	0
新疆	32 454	20 165	8 427	0	3 862	1 965

4-14 续表

单位：头、匹、只

地区	种猪场	种羊场	种绵羊场	种细毛羊场	种山羊场	种绒山羊场
全国总计	**4 670 798**	**1 702 264**	**1 390 573**	**254 757**	**311 691**	**62 568**
北京	10 265	1 192	1 192	0	0	0
天津	11 245	35 818	35 818	0	0	0
河北	182 807	52 193	47 569	790	4 624	3 524
山西	200 856	38 980	26 969	1 540	12 011	4 708
内蒙古	170 163	402 820	367 553	47 383	35 267	27 347
辽宁	179 471	14 259	5 703	2 542	8 556	8 556
吉林	122 336	20 832	19 769	17 851	1 063	515
黑龙江	75 028	9 035	9 035	1 382	0	0
上海	9 811	2 538	1 771	0	767	0
江苏	208 742	46 750	46 400	0	350	0
浙江	25 436	42 489	42 489	0	0	0
安徽	180 137	73 448	13 125	0	60 323	0
福建	147 712	1 647	0	0	1 647	0
江西	128 287	15 317	10 412	0	4 905	0
山东	279 923	77 407	69 684	39 255	7 723	778
河南	430 719	48 006	45 556	3 920	2 450	0
湖北	377 314	31 880	7 368	0	24 512	0
湖南	331 684	9 780	0	0	9 780	0
广东	338 526	1 436	0	0	1 436	0
广西	263 806	12 662	0	0	12 662	800
海南	92 732	17 328	0	0	17 328	0
重庆	59 895	9 667	0	0	9 667	0
四川	308 469	31 492	4 203	900	27 289	0
贵州	125 660	8 644	1 912	0	6 732	0
云南	118 356	29 205	3 654	1 859	25 551	0
西藏	2 867	1 640	990	312	650	650
陕西	176 938	43 729	16 953	8 583	26 776	13 072
甘肃	36 352	241 846	237 114	5 677	4 732	1 128
青海	7 708	93 033	92 443	19 712	590	590
宁夏	4 793	16 121	13 971	0	2 150	0
新疆	62 760	271 070	268 920	103 051	2 150	900

4-15 各地区种畜禽场当年出场种畜禽情况

单位：头、只、套、匹

地区	种牛场	种奶牛场	种肉牛场	种水牛场	种牦牛场	种马场	种猪场
全国总计	**107 474**	**51 710**	**39 905**	**675**	**15 184**	**2 230**	**17 405 766**
北京	0	0	0	0	0	0	9 066
天津	20	0	20	0	0	0	31 395
河北	4 020	3 819	201	0	0	0	374 907
山西	4 273	3 586	687	0	0	0	1 047 659
内蒙古	38 757	15 911	22 846	0	0	1 402	576 421
辽宁	4 006	3 916	90	0	0	0	974 137
吉林	1 990	0	1 990	0	0	3	213 765
黑龙江	1 672	1 672	0	0	0	0	174 374
上海	0	0	0	0	0	0	36 227
江苏	140	110	0	30	0	0	811 696
浙江	547	506	41	0	0	0	78 366
安徽	20	0	20	0	0	0	434 231
福建	782	775	0	7	0	0	250 165
江西	560	0	560	0	0	0	543 056
山东	11 891	10 904	987	0	0	0	1 313 608
河南	4 104	3 787	317	0	0	0	2 039 869
湖北	1 060	0	1 030	30	0	0	1 424 242
湖南	1 996	53	1 542	401	0	0	1 310 649
广东	712	712	0	0	0	97	1 222 718
广西	1 648	0	1 648	0	0	0	810 714
海南	1 013	0	931	82	0	0	670 884
重庆	189	104	80	5	0	0	172 963
四川	5 432	1 954	287	0	3 191	0	1 350 212
贵州	479	0	479	0	0	0	216 439
云南	2 895	960	1 765	120	50	0	329 926
西藏	157	0	0	0	157	0	4 623
陕西	615	2	613	0	0	0	707 327
甘肃	7 375	1 799	2 497	0	3 079	185	107 274
青海	8 837	189	62	0	8 586	0	9 063
宁夏	369	313	56	0	0	0	14 215
新疆	1 915	638	1 156	0	121	543	145 575

4-15　续表

单位：头、只、套、匹

地　区	种羊场	种绵羊场		种山羊场		祖代及以上蛋鸡场	祖代及以上肉鸡场
			种细毛羊场		种绒山羊场		
全国总计	**1 316 389**	**1 090 872**	**163 529**	**225 517**	**43 807**	**60 815 909**	**139 854 752**
北　京	420	420	0	0	0	10 830 000	0
天　津	40 948	40 948	0	0	0	0	0
河　北	45 728	42 616	590	3 112	2 312	590 000	79 200
山　西	29 015	23 508	230	5 507	1 781	0	1
内蒙古	343 591	324 348	29 639	19 243	16 819	600 000	3 500 000
辽　宁	15 421	7 206	4 692	8 215	8 215	420 000	58 100
吉　林	20 215	19 684	18 390	531	0	0	360 500
黑龙江	12 911	12 911	1 395	0	0	3 000	89 000
上　海	2 841	2 686	0	155	0	0	1 081
江　苏	70 989	70 858	0	131	0	65 000	12 469 098
浙　江	56 812	56 812	0	0	0	1 709 000	2 077 852
安　徽	35 351	18 647	0	16 704	0	362 000	2 885 620
福　建	458	0	0	458	0	0	645 792
江　西	14 730	10 850	0	3 880	0	1 429 600	2 971 005
山　东	102 464	93 944	75 900	8 520	200	4 830 000	4 076 989
河　南	23 392	23 392	2 810	0	0	24 468 420	1 200 000
湖　北	39 072	5 330	0	33 742	0	549 000	3 602 600
湖　南	10 328	0	0	10 328	0	120	0
广　东	1 676	0	0	1 676	0	31 610	2 745 000
广　西	8 102	0	0	8 102	1 450	11 398 104	100 621 841
海　南	11 372	0	0	11 372	0	0	105 314
重　庆	15 179	0	0	15 179	0	0	0
四　川	32 124	1 788	400	30 336	0	283 055	767 657
贵　州	11 552	984	0	10 568	0		91 000
云　南	16 359	1 486	806	14 873	0	0	93 000
西　藏	314	224	218	90	90	11 100	1
陕　西	32 755	12 915	4 193	19 840	11 435	3 200 000	527 001
甘　肃	204 482	203 287	1 884	1 195	1 195		33 402
青　海	34 661	34 351	14 814	310	310	0	0
宁　夏	12 903	12 403	0	500	0	5 400	0
新　疆	70 224	69 274	7 568	950	0	30 500	853 698

4-16 各地区种畜场当年生产胚胎情况

单位：枚

地 区	种牛场	种奶牛场	种肉牛场	种水牛场	种牦牛场
全国总计	**62 653**	**44 932**	**17 634**	**0**	**87**
北 京	0	0	0	0	0
天 津	0	0	0	0	0
河 北	15 405	14 268	1 137	0	0
山 西	490	0	490	0	0
内 蒙 古	7 061	6 645	416	0	0
辽 宁	0	0	0	0	0
吉 林	2 314	346	1 968	0	0
黑 龙 江	2 000	2 000	0	0	0
上 海	0	0	0	0	0
江 苏	2 619	2 619	0	0	0
浙 江	0	0	0	0	0
安 徽	555	510	45	0	0
福 建	1 686	1 686	0	0	0
江 西	980	0	980	0	0
山 东	6 925	6 925	0	0	0
河 南	419	321	98	0	0
湖 北	951	0	951	0	0
湖 南	5 563	0	5 563	0	0
广 东	2 792	2 792	0	0	0
广 西	3 212	0	3 212	0	0
海 南	330	0	330	0	0
重 庆	1 140	140	1 000	0	0
四 川	542	542	0	0	0
贵 州	0	0	0	0	0
云 南	229	0	197	0	32
西 藏	45	0	0	0	45
陕 西	5 513	5 445	68	0	0
甘 肃	1 202	23	1 179	0	0
青 海	670	670	0	0	0
宁 夏	0	0	0	0	0
新 疆	10	0	0	0	10

4-16 续表

单位：枚

地区	种羊场	种绵羊场		种山羊场	
			种细毛羊场		种绒山羊场
全国总计	**181 177**	**133 171**	**25 489**	**48 006**	**537**
北京	0	0	0	0	0
天津	0	0	0	0	0
河北	11 155	11 155	0	0	0
山西	3 490	3 400	0	90	90
内蒙古	44 299	44 299	11 518	0	0
辽宁	500	500	0	0	0
吉林	12 678	11 468	11 468	1 210	0
黑龙江	0	0	0	0	0
上海	0	0	0	0	0
江苏	14 000	14 000	0	0	0
浙江	0	0	0	0	0
安徽	182	0	0	182	0
福建	300	0	0	300	0
江西	400	0	0	400	0
山东	900	900	900	0	0
河南	479	479	0	0	0
湖北	2 281	511	0	1 770	0
湖南	5 799	0	0	5 799	0
广东	1 409	0	0	1 409	0
广西	2 802	0	0	2 802	400
海南	6 373	0	0	6 373	0
重庆	463	0	0	463	0
四川	18 764	220	0	18 544	0
贵州	1 900	0	0	1 900	0
云南	3 382	0	0	3 382	0
西藏	358	358	78	0	0
陕西	2 599	417	316	2 182	47
甘肃	4 119	4 119	809	0	0
青海	0	0	0	0	0
宁夏	0	0	0	0	0
新疆	42 545	41 345	400	1 200	0

4-17　各地区畜牧站基本情况

单位：个、人

地　区	省级机构数	在编干部职工人数	按职称分		
			高级技术职称	中级技术职称	初级技术职称
全国总计	**33**	**1 392**	**477**	**429**	**212**
北　京	1	70	30	28	12
天　津	1	23	11	9	3
河　北	1	50	32	13	2
山　西	1	9	2	3	3
内蒙古	1	55	18	12	6
辽　宁	1	27	2	1	0
吉　林	1	19	10	2	1
黑龙江	1	91	41	43	7
上　海	1	83	23	33	22
江　苏	1	18	11	4	3
浙　江	1	19	8	9	1
安　徽	1	12	5	5	1
福　建	1	18	9	5	4
江　西	1	55	21	16	17
山　东	1	40	19	12	6
河　南	1	30	12	12	3
湖　北	1	7	3	0	2
湖　南	2	170	50	32	25
广　东	1	19	9	6	0
广　西	1	27	8	11	5
海　南	1	17	4	2	4
重　庆	1	43	15	10	2
四　川	1	33	11	11	4
贵　州	1	29	10	5	5
云　南	1	22	6	10	0
西　藏	1	39	8	6	7
陕　西	1	48	8	27	7
甘　肃	1	127	24	28	22
青　海	1	50	10	27	10
宁　夏	1	28	16	6	6
新　疆	2	114	41	41	22

4－17 续表 1

单位：个、人

地区	按学历分				离退休人员
	研究生	大学本科	大学专科	中专	
全国总计	**330**	**695**	**176**	**43**	**923**
北京	32	27	11	0	22
天津	7	16	0	0	13
河北	1	43	2	1	9
山西	3	6	0	0	0
内蒙古	7	8	10	17	48
辽宁	3	18	5	0	14
吉林	6	9	4	0	9
黑龙江	6	71	13	1	105
上海	42	37	1	3	26
江苏	7	7	4	0	16
浙江	9	6	4	0	1
安徽	4	4	4	0	4
福建	11	4	2	1	16
江西	16	17	6	1	74
山东	10	16	8	2	8
河南	13	13	4	0	11
湖北	1	5	1	0	0
湖南	18	76	25	7	91
广东	11	5	0	0	0
广西	5	19	3	0	14
海南	1	9	1	1	0
重庆	21	12	10	0	22
四川	14	13	4	2	34
贵州	11	11	1	1	45
云南	9	9	2	1	13
西藏	7	8	6	0	0
陕西	9	34	4	0	75
甘肃	13	68	12	4	112
青海	8	34	8	0	41
宁夏	6	20	2	0	18
新疆	19	70	19	1	82

4-17 续表 2

单位：个、人

地 区	地（市）级机构数	在编干部职工人数	按职称分		
			高级技术职称	中级技术职称	初级技术职称
全国总计	**283**	**4 652**	**1 326**	**1 388**	**817**
北 京	0	0	0	0	0
天 津	0	0	0	0	0
河 北	11	172	56	53	25
山 西	9	161	25	28	7
内 蒙 古	12	372	117	83	69
辽 宁	14	166	41	37	12
吉 林	9	210	71	46	39
黑 龙 江	8	119	75	35	6
上 海	0	0	0	0	0
江 苏	13	164	86	45	25
浙 江	11	272	5	11	12
安 徽	16	194	44	77	55
福 建	9	46	15	12	12
江 西	9	135	39	28	30
山 东	10	178	55	72	30
河 南	14	191	69	75	25
湖 北	8	47	10	19	14
湖 南	11	96	16	31	19
广 东	9	70	14	30	17
广 西	14	120	34	51	23
海 南	0	0	0	0	0
重 庆	0	0	0	0	0
四 川	18	285	81	98	47
贵 州	8	76	30	26	9
云 南	15	282	115	92	46
西 藏	7	238	21	68	82
陕 西	10	285	48	78	81
甘 肃	12	262	87	89	43
青 海	8	175	59	80	21
宁 夏	5	50	26	15	3
新 疆	13	286	87	109	65

4-17　续表 3

单位：个、人

地　区	按学历分				离退休人员
	研究生	大学本科	大学专科	中专	
全国总计	**707**	**2 635**	**802**	**255**	**2 637**
北　京	0	0	0	0	0
天　津	0	0	0	0	0
河　北	15	81	26	9	101
山　西	20	111	18	3	143
内 蒙 古	70	177	66	31	365
辽　宁	18	113	27	6	70
吉　林	18	130	44	13	135
黑 龙 江	43	58	13	2	127
上　海	0	0	0	0	0
江　苏	53	93	12	3	101
浙　江	65	185	19	2	134
安　徽	24	115	35	16	57
福　建	8	31	3	3	13
江　西	26	83	20	6	71
山　东	43	105	19	9	155
河　南	22	88	56	14	94
湖　北	3	23	11	9	10
湖　南	9	51	15	16	43
广　东	6	38	17	1	44
广　西	13	72	18	12	47
海　南	0	0	0	0	0
重　庆	0	0	0	0	0
四　川	62	127	65	7	33
贵　州	24	40	7	1	22
云　南	37	156	59	17	145
西　藏	7	143	65	13	77
陕　西	44	151	46	29	189
甘　肃	28	139	65	17	102
青　海	4	117	16	5	153
宁　夏	6	37	5	0	34
新　疆	39	171	55	11	172

4-17 续表4

单位：个、人

地区	县（市）级机构数	在编干部职工人数	按职称分		
			高级技术职称	中级技术职称	初级技术职称
全国总计	**2 446**	**39 312**	**6 688**	**12 640**	**10 144**
北京	7	124	8	36	48
天津	11	347	61	129	126
河北	159	2 680	504	910	719
山西	86	1 152	88	288	231
内蒙古	80	1 282	279	352	241
辽宁	62	797	125	360	196
吉林	57	951	292	314	205
黑龙江	101	981	399	316	149
上海	10	222	56	74	84
江苏	87	1 495	521	554	330
浙江	85	1 823	113	460	357
安徽	101	1 551	362	523	412
福建	78	288	72	118	79
江西	98	1 107	212	439	321
山东	109	2 191	193	761	718
河南	117	4 172	393	894	912
湖北	96	1 376	79	535	450
湖南	122	1 582	113	500	436
广东	70	1 230	37	257	378
广西	92	547	44	269	127
海南	10	108	2	30	18
重庆	38	557	156	222	61
四川	155	2 142	280	735	693
贵州	63	565	98	278	146
云南	120	1 981	853	681	274
西藏	72	1 013	33	236	546
陕西	103	2 540	297	783	640
甘肃	85	1 731	315	524	531
青海	43	775	130	342	256
宁夏	22	486	212	142	92
新疆	107	1 516	361	578	368

4-17 续表 5

单位：个、人

地区	按学历分				离退休人员
	研究生	大学本科	大学专科	中专	
全国总计	**1 372**	**15 902**	**13 320**	**5 507**	**18 613**
北京	13	65	22	14	109
天津	21	231	54	33	199
河北	40	1 034	984	426	1 113
山西	19	480	408	146	776
内蒙古	40	584	361	140	914
辽宁	13	359	309	89	628
吉林	25	437	281	151	601
黑龙江	39	509	330	76	441
上海	28	130	46	17	242
江苏	141	725	483	123	922
浙江	153	1 099	485	76	998
安徽	66	663	475	239	770
福建	15	169	67	34	115
江西	24	421	452	167	326
山东	113	962	585	340	1 353
河南	63	847	1 510	703	1 457
湖北	48	388	509	336	720
湖南	31	404	579	423	689
广东	24	298	449	251	858
广西	7	199	242	71	259
海南	2	36	56	13	16
重庆	76	273	166	22	303
四川	114	835	793	260	673
贵州	29	245	232	55	162
云南	19	903	673	294	926
西藏	8	570	396	36	33
陕西	47	688	935	580	1 276
甘肃	53	759	612	202	476
青海	5	453	236	68	297
宁夏	9	338	102	21	96
新疆	87	798	488	101	865

4-18　各地区家畜繁育改良站基本情况

单位：个、人

地　区	省级机构数	在编干部职工人数	按职称分		
			高级技术职称	中级技术职称	初级技术职称
全国总计	**9**	**412**	**102**	**106**	**66**
北　京	0	0	0	0	0
天　津	0	0	0	0	0
河　北	1	48	30	13	0
山　西	1	25	14	6	1
内蒙古	0	0	0	0	0
辽　宁	0	0	0	0	0
吉　林	0	0	0	0	0
黑龙江	0	0	0	0	0
上　海	0	0	0	0	0
江　苏	0	0	0	0	0
浙　江	0	0	0	0	0
安　徽	1	24	5	9	4
福　建	0	0	0	0	0
江　西	0	0	0	0	0
山　东	0	0	0	0	0
河　南	0	0	0	0	0
湖　北	1	109	6	18	19
湖　南	1	27	10	12	5
广　东	0	0	0	0	0
广　西	1	33	10	9	3
海　南	0	0	0	0	0
重　庆	0	0	0	0	0
四　川	0	0	0	0	0
贵　州	0	0	0	0	0
云　南	0	0	0	0	0
西　藏	0	0	0	0	0
陕　西	1	52	9	14	7
甘　肃	1	46	8	12	17
青　海	1	48	10	13	10
宁　夏	0	0	0	0	0
新　疆	0	0	0	0	0

4－18　续表 1

单位：个、人

地　区	按学历分				离退休人员
	研究生	大学本科	大学专科	中专	
全国总计	**44**	**211**	**82**	**43**	**323**
北　京	0	0	0	0	0
天　津	0	0	0	0	0
河　北	0	35	10	0	59
山　西	5	17	1	1	0
内蒙古	0	0	0	0	0
辽　宁	0	0	0	0	0
吉　林	0	0	0	0	0
黑龙江	0	0	0	0	0
上　海	0	0	0	0	0
江　苏	0	0	0	0	0
浙　江	0	0	0	0	0
安　徽	4	11	9	0	15
福　建	0	0	0	0	0
江　西	0	0	0	0	0
山　东	0	0	0	0	0
河　南	0	0	0	0	0
湖　北	15	34	34	26	22
湖　南	5	18	1	3	1
广　东	0	0	0	0	0
广　西	4	20	3	1	41
海　南	0	0	0	0	0
重　庆	0	0	0	0	0
四　川	0	0	0	0	0
贵　州	0	0	0	0	0
云　南	0	0	0	0	0
西　藏	0	0	0	0	0
陕　西	2	24	5	6	89
甘　肃	5	18	10	5	28
青　海	4	34	9	1	68
宁　夏	0	0	0	0	0
新　疆	0	0	0	0	0

4－18　续表 2

单位：个、人

地　区	地（市）级机构数	在编干部职工人数	按职称分		
			高级技术职称	中级技术职称	初级技术职称
全国总计	**49**	**836**	**200**	**196**	**152**
北　京	0	0	0	0	0
天　津	0	0	0	0	0
河　北	2	8	3	2	3
山　西	10	72	23	23	10
内蒙古	6	218	63	49	43
辽　宁	2	11	0	1	0
吉　林	0	0	0	0	0
黑龙江	5	27	10	15	1
上　海	0	0	0	0	0
江　苏	1	29	5	5	1
浙　江	0	0	0	0	0
安　徽	0	0	0	0	0
福　建	0	0	0	0	0
江　西	0	0	0	0	0
山　东	0	0	0	0	0
河　南	5	86	27	24	8
湖　北	0	0	0	0	0
湖　南	3	36	8	9	8
广　东	1	88	11	6	19
广　西	1	11	1	4	1
海　南	0	0	0	0	0
重　庆	0	0	0	0	0
四　川	1	10	3	4	1
贵　州	2	24	3	5	5
云　南	3	34	11	14	3
西　藏	2	32	2	5	14
陕　西	2	72	7	7	11
甘　肃	0	0	0	0	0
青　海	0	0	0	0	0
宁　夏	0	0	0	0	0
新　疆	3	78	23	23	24

4-18　续表 3

单位：个、人

地区	按学历分				离退休人员
	研究生	大学本科	大学专科	中专	
全国总计	**85**	**332**	**167**	**77**	**728**
北京	0	0	0	0	0
天津	0	0	0	0	0
河北	0	6	2	0	6
山西	6	47	10	3	47
内蒙古	44	93	42	18	175
辽宁	2	9	0	0	14
吉林	0	0	0	0	0
黑龙江	0	11	10	5	0
上海	0	0	0	0	0
江苏	4	5	5	1	42
浙江	0	0	0	0	0
安徽	0	0	0	0	0
福建	0	0	0	0	0
江西	0	0	0	0	0
山东	0	0	0	0	0
河南	3	38	25	6	58
湖北	0	0	0	0	0
湖南	2	8	10	14	27
广东	1	19	27	12	167
广西	1	8	1	1	12
海南	0	0	0	0	0
重庆	0	0	0	0	0
四川	1	4	4	1	1
贵州	3	8	7	2	31
云南	2	23	5	2	19
西藏	1	1	0	0	0
陕西	1	11	4	8	70
甘肃	0	0	0	0	0
青海	0	0	0	0	0
宁夏	0	0	0	0	0
新疆	14	41	15	4	59

4-18 续表 4

单位：个、人

地 区	县（市）级机构数	在编干部职工人数	按职称分		
			高级技术职称	中级技术职称	初级技术职称
全国总计	**555**	**4 516**	**783**	**1 473**	**1 148**
北 京	1	19	2	6	5
天 津	2	30	3	8	8
河 北	36	211	20	44	57
山 西	85	340	31	132	88
内 蒙 古	55	777	206	264	165
辽 宁	16	190	39	95	40
吉 林	10	196	50	57	56
黑 龙 江	44	242	96	79	42
上 海	0	0	0	0	0
江 苏	17	127	31	44	29
浙 江	3	8	0	1	4
安 徽	7	34	0	7	17
福 建	0	0	0	0	0
江 西	4	15	1	8	3
山 东	15	126	8	29	60
河 南	59	721	46	166	179
湖 北	19	130	9	66	43
湖 南	28	136	11	45	49
广 东	16	135	1	14	17
广 西	8	73	3	20	29
海 南	1	2	0	1	1
重 庆	5	56	17	23	7
四 川	27	204	30	82	62
贵 州	40	239	38	112	70
云 南	18	180	79	65	28
西 藏	6	38	1	7	19
陕 西	5	62	5	20	13
甘 肃	7	69	20	25	6
青 海	1	1	0	1	0
宁 夏	0	0	0	0	0
新 疆	20	155	36	52	51

4-18 续表 5

单位：个、人

地区	按学历分				离退休人员
	研究生	大学本科	大学专科	中专	
全国总计	**118**	**1 498**	**1 457**	**825**	**2 354**
北京	3	7	3	2	19
天津	0	14	6	7	4
河北	0	48	62	39	99
山西	16	123	127	54	172
内蒙古	34	347	210	119	555
辽宁	5	74	84	21	137
吉林	6	52	54	69	115
黑龙江	5	99	86	29	153
上海	0	0	0	0	0
江苏	4	53	29	27	93
浙江	0	3	3	2	30
安徽	0	2	22	7	43
福建	0	0	0	0	0
江西	1	5	5	1	0
山东	1	25	43	34	57
河南	4	82	220	160	176
湖北	3	28	62	22	34
湖南	1	45	44	34	32
广东	0	13	21	55	163
广西	0	11	20	30	59
海南	0	1	1	0	0
重庆	10	21	21	4	20
四川	5	76	87	21	88
贵州	8	126	79	24	134
云南	7	94	57	17	83
西藏	0	20	15	3	0
陕西	0	4	34	15	27
甘肃	1	32	21	15	14
青海	0	1	0	0	0
宁夏	0	0	0	0	0
新疆	4	92	41	14	47

4－19　各地区草原工作站基本情况

单位：个、人

地　区	省级机构数	在编干部职工人数	按职称分		
			高级技术职称	中级技术职称	初级技术职称
全国总计	**7**	**141**	**58**	**27**	**14**
北　京	0	0	0	0	0
天　津	0	0	0	0	0
河　北	0	0	0	0	0
山　西	0	0	0	0	0
内蒙古	0	0	0	0	0
辽　宁	0	0	0	0	0
吉　林	0	0	0	0	0
黑龙江	0	0	0	0	0
上　海	0	0	0	0	0
江　苏	0	0	0	0	0
浙　江	0	0	0	0	0
安　徽	0	0	0	0	0
福　建	0	0	0	0	0
江　西	1	0	0	0	0
山　东	0	0	0	0	0
河　南	1	17	10	5	1
湖　北	1	8	0	0	0
湖　南	0	0	0	0	0
广　东	0	0	0	0	0
广　西	0	0	0	0	0
海　南	0	0	0	0	0
重　庆	0	0	0	0	0
四　川	1	26	18	4	2
贵　州	1	43	4	11	4
云　南	1	16	5	1	3
西　藏	0	0	0	0	0
陕　西	0	0	0	0	0
甘　肃	0	0	0	0	0
青　海	0	0	0	0	0
宁　夏	1	31	21	6	4
新　疆	0	0	0	0	0

4-19 续表 1

单位：个、人

地区	按学历分				离退休人员
	研究生	大学本科	大学专科	中专	
全国总计	**49**	**60**	**8**	**6**	**61**
北京	0	0	0	0	0
天津	0	0	0	0	0
河北	0	0	0	0	0
山西	0	0	0	0	0
内蒙古	0	0	0	0	0
辽宁	0	0	0	0	0
吉林	0	0	0	0	0
黑龙江	0	0	0	0	0
上海	0	0	0	0	0
江苏	0	0	0	0	0
浙江	0	0	0	0	0
安徽	0	0	0	0	0
福建	0	0	0	0	0
江西	0	0	0	0	0
山东	0	0	0	0	0
河南	9	7	0	1	4
湖北	2	5	0	0	0
湖南	0	0	0	0	0
广东	0	0	0	0	0
广西	0	0	0	0	0
海南	0	0	0	0	0
重庆	0	0	0	0	0
四川	13	12	1	0	9
贵州	14	7	4	2	21
云南	4	10	0	2	13
西藏	0	0	0	0	0
陕西	0	0	0	0	0
甘肃	0	0	0	0	0
青海	0	0	0	0	0
宁夏	7	19	3	1	14
新疆	0	0	0	0	0

4-19　续表 2

单位：个、人

地　区	地（市）级机构数	在编干部职工人数	按职称分		
			高级技术职称	中级技术职称	初级技术职称
全国总计	**46**	**336**	**85**	**113**	**74**
北　京	0	0	0	0	0
天　津	0	0	0	0	0
河　北	1	0	0	0	0
山　西	9	62	18	23	12
内蒙古	1	10	3	5	0
辽　宁	4	23	1	4	0
吉　林	0	0	0	0	0
黑龙江	3	8	1	3	2
上　海	0	0	0	0	0
江　苏	0	0	0	0	0
浙　江	0	0	0	0	0
安　徽	0	0	0	0	0
福　建	0	0	0	0	0
江　西	0	0	0	0	0
山　东	0	0	0	0	0
河　南	4	53	19	19	9
湖　北	0	0	0	0	0
湖　南	4	26	4	7	9
广　东	0	0	0	0	0
广　西	0	0	0	0	0
海　南	0	0	0	0	0
重　庆	0	0	0	0	0
四　川	3	19	7	5	6
贵　州	9	55	18	20	9
云　南	2	11	4	5	1
西　藏	3	34	4	7	18
陕　西	2	31	6	14	5
甘　肃	0	0	0	0	0
青　海	0	0	0	0	0
宁　夏	0	0	0	0	0
新　疆	1	4	0	1	3

4-19 续表 3

单位：个、人

地 区	按学历分				离退休人员
	研究生	大学本科	大学专科	中专	
全国总计	**37**	**173**	**76**	**27**	**144**
北 京	0	0	0	0	0
天 津	0	0	0	0	0
河 北	0	0	0	0	0
山 西	5	43	12	2	47
内蒙古	3	6	1	0	0
辽 宁	5	12	5	1	19
吉 林	0	0	0	0	0
黑龙江	0	5	0	1	0
上 海	0	0	0	0	0
江 苏	0	0	0	0	0
浙 江	0	0	0	0	0
安 徽	0	0	0	0	0
福 建	0	0	0	0	0
江 西	0	0	0	0	0
山 东	0	0	0	0	0
河 南	1	24	17	10	22
湖 北	0	0	0	0	0
湖 南	9	7	4	3	3
广 东	0	0	0	0	0
广 西	0	0	0	0	0
海 南	0	0	0	0	0
重 庆	0	0	0	0	0
四 川	0	7	8	3	4
贵 州	13	24	11	0	21
云 南	1	9	1	0	5
西 藏	0	25	7	2	0
陕 西	0	7	10	5	23
甘 肃	0	0	0	0	0
青 海	0	0	0	0	0
宁 夏	0	0	0	0	0
新 疆	0	4	0	0	0

4-19 续表 4

单位：个、人

地 区	县（市）级机构数	在编干部职工人数	按职称分		
			高级技术职称	中级技术职称	初级技术职称
全国总计	**348**	**2 251**	**413**	**825**	**606**
北 京	0	0	0	0	0
天 津	0	0	0	0	0
河 北	10	44	11	18	10
山 西	70	304	30	108	79
内 蒙 古	16	154	28	39	31
辽 宁	11	70	12	38	12
吉 林	3	13	2	3	7
黑 龙 江	22	109	35	45	18
上 海	0	0	0	0	0
江 苏	0	0	0	0	0
浙 江	0	0	0	0	0
安 徽	0	0	0	0	0
福 建	0	0	0	0	0
江 西	7	25	5	13	7
山 东	1	1	0	1	0
河 南	8	71	8	14	11
湖 北	13	49	5	25	15
湖 南	15	35	4	18	9
广 东	2	5	0	2	1
广 西	1	1	0	0	1
海 南	0	0	0	0	0
重 庆	0	0	0	0	0
四 川	21	183	41	72	54
贵 州	62	372	51	147	157
云 南	21	163	80	48	33
西 藏	9	32	0	4	11
陕 西	3	78	6	33	15
甘 肃	23	201	35	68	34
青 海	11	139	24	61	47
宁 夏	1	7	3	4	0
新 疆	18	195	33	64	54

4－19 续表 5

单位：个、人

地区	按学历分				离退休人员
	研究生	大学本科	大学专科	中专	
全国总计	**57**	**877**	**900**	**307**	**773**
北京	0	0	0	0	0
天津	0	0	0	0	0
河北	2	20	13	3	1
山西	6	93	138	41	144
内蒙古	3	67	54	16	140
辽宁	0	29	34	6	43
吉林	0	6	6	0	0
黑龙江	4	34	47	21	27
上海	0	0	0	0	0
江苏	0	0	0	0	0
浙江	0	0	0	0	0
安徽	0	0	0	0	2
福建	0	0	0	0	0
江西	0	10	9	6	5
山东	0	1	0	0	0
河南	1	8	23	28	24
湖北	3	14	21	7	16
湖南	0	9	18	8	2
广东	0	0	2	0	0
广西	0	1	0	0	0
海南	0	0	0	0	0
重庆	0	0	0	0	0
四川	10	61	71	31	69
贵州	12	174	153	32	88
云南	9	86	56	11	85
西藏	2	18	8	2	0
陕西	0	24	31	14	19
甘肃	2	80	73	41	31
青海	0	71	46	22	42
宁夏	0	3	4	0	0
新疆	3	68	93	18	35

4-20　各地区饲料监察所基本情况

单位：个、人

地　区	省级机构数	在编干部职工人数	按职称分		
			高级技术职称	中级技术职称	初级技术职称
全国总计	**21**	**565**	**276**	**147**	**52**
北　京	1	23	8	5	10
天　津	1	18	7	11	0
河　北	1	32	24	4	0
山　西	1	30	11	10	6
内蒙古	1	19	17	1	0
辽　宁	0	0	0	0	0
吉　林	1	29	0	0	0
黑龙江	1	53	43	10	0
上　海	0	0	0	0	0
江　苏	0	0	0	0	0
浙　江	1	25	12	11	1
安　徽	1	21	9	7	3
福　建	0	0	0	0	0
江　西	1	22	14	3	2
山　东	1	31	16	9	3
河　南	1	35	15	12	7
湖　北	1	10	7	2	1
湖　南	1	26	12	6	8
广　东	0	0	0	0	0
广　西	1	32	13	14	1
海　南	1	10	8	2	0
重　庆	0	0	0	0	0
四　川	1	17	13	3	0
贵　州	1	19	10	7	2
云　南	0	0	0	0	0
西　藏	0	0	0	0	0
陕　西	0	0	0	0	0
甘　肃	0	0	0	0	0
青　海	1	24	0	0	0
宁　夏	1	29	14	9	3
新　疆	1	60	23	21	5

4-20 续表 1

单位：个、人

地区	按学历分				离退休人员
	研究生	大学本科	大学专科	中专	
全国总计	**184**	**302**	**61**	**12**	**244**
北京	6	15	1	1	1
天津	7	10	1	0	22
河北	3	20	5	1	15
山西	10	18	2	0	0
内蒙古	2	11	4	1	6
辽宁	0	0	0	0	0
吉林	6	17	5	1	25
黑龙江	21	26	6	0	26
上海	0	0	0	0	0
江苏	0	0	0	0	0
浙江	11	12	2	0	4
安徽	11	8	2	0	17
福建	0	0	0	0	0
江西	8	10	3	1	3
山东	13	12	3	3	6
河南	18	15	2	0	8
湖北	5	5	0	0	0
湖南	6	17	3	0	4
广东	0	0	0	0	0
广西	11	19	2	0	22
海南	2	8	0	0	0
重庆	0	0	0	0	0
四川	5	7	5	0	8
贵州	8	9	2	0	13
云南	0	0	0	0	0
西藏	0	0	0	0	0
陕西	0	0	0	0	0
甘肃	0	0	0	0	0
青海	7	16	1	0	16
宁夏	13	14	2	0	13
新疆	11	33	10	4	35

4-20 续表 2

单位：个、人

地区	地（市）级机构数	在编干部职工人数	按职称分		
			高级技术职称	中级技术职称	初级技术职称
全国总计	**64**	**630**	**127**	**177**	**101**
北京	0	0	0	0	0
天津	0	0	0	0	0
河北	1	3	1	2	0
山西	2	5	2	2	1
内蒙古	9	101	19	22	12
辽宁	9	127	11	24	20
吉林	4	27	1	1	2
黑龙江	2	12	5	5	2
上海	0	0	0	0	0
江苏	2	32	11	11	7
浙江	0	0	0	0	0
安徽	0	0	0	0	0
福建	0	0	0	0	0
江西	0	0	0	0	0
山东	2	13	5	4	4
河南	3	42	13	21	7
湖北	2	12	2	4	4
湖南	4	8	0	3	0
广东	2	12	1	3	3
广西	0	0	0	0	0
海南	0	0	0	0	0
重庆	0	0	0	0	0
四川	5	36	10	10	6
贵州	5	28	7	11	6
云南	4	72	31	32	6
西藏	1	29	0	3	1
陕西	2	8	2	1	3
甘肃	3	47	6	18	17
青海	0	0	0	0	0
宁夏	0	0	0	0	0
新疆	2	16	0	0	0

4-20 续表 3

单位：个、人

地　区	按学历分				离退休人员
	研究生	大学本科	大学专科	中专	
全国总计	**118**	**335**	**105**	**45**	**240**
北　京	0	0	0	0	0
天　津	0	0	0	0	0
河　北	0	1	2	0	0
山　西	0	5	0	0	1
内蒙古	17	42	28	10	53
辽　宁	27	77	14	5	35
吉　林	3	20	4	0	13
黑龙江	1	6	5	0	3
上　海	0	0	0	0	0
江　苏	2	19	8	3	21
浙　江	0	0	0	0	0
安　徽	0	0	0	0	0
福　建	0	0	0	0	0
江　西	0	0	0	0	0
山　东	2	6	0	0	0
河　南	16	8	6	4	2
湖　北	3	6	0	3	4
湖　南	0	5	1	2	0
广　东	0	11	1	0	1
广　西	0	0	0	0	0
海　南	0	0	0	0	0
重　庆	0	0	0	0	0
四　川	8	12	9	5	8
贵　州	5	18	3	2	8
云　南	15	40	14	2	30
西　藏	1	24	3	1	16
陕　西	3	1	2	0	3
甘　肃	15	24	2	6	28
青　海	0	0	0	0	0
宁　夏	0	0	0	0	0
新　疆	0	10	3	2	14

4-20 续表 4

单位：个、人

地区	县（市）级机构数	在编干部职工人数	按职称分		
			高级技术职称	中级技术职称	初级技术职称
全国总计	**441**	**3 930**	**481**	**1 393**	**1 087**
北京	0	0	0	0	0
天津	0	0	0	0	0
河北	36	220	35	73	79
山西	8	50	3	13	8
内蒙古	28	105	19	29	21
辽宁	34	193	27	92	61
吉林	13	220	43	70	58
黑龙江	23	126	21	57	31
上海	0	0	0	0	0
江苏	5	47	18	12	11
浙江	1	3	0	0	0
安徽	3	36	3	2	5
福建	1	17	2	7	8
江西	10	38	6	21	7
山东	30	163	18	72	48
河南	38	753	41	214	189
湖北	36	696	36	320	275
湖南	56	225	19	80	72
广东	8	80	8	34	26
广西	1	14	1	2	4
海南	3	20	0	8	8
重庆	5	35	7	14	2
四川	24	160	7	48	28
贵州	23	66	5	36	15
云南	26	282	127	102	37
西藏	0	0	0	0	0
陕西	2	29	0	2	23
甘肃	22	307	30	77	68
青海	1	3	0	3	0
宁夏	2	13	5	5	3
新疆	2	29	0	0	0

4－20 续表 5

单位：个、人

地区	按学历分				离退休人员
	研究生	大学本科	大学专科	中专	
全国总计	**63**	**1 153**	**1 509**	**750**	**719**
北京	0	0	0	0	0
天津	0	0	0	0	0
河北	2	84	84	43	10
山西	1	21	11	3	24
内蒙古	3	49	41	8	6
辽宁	1	120	65	7	28
吉林	5	56	85	43	117
黑龙江	3	33	74	9	11
上海	0	0	0	0	0
江苏	2	23	16	0	2
浙江	0	3	0	0	0
安徽	0	6	1	9	8
福建	0	10	1	6	0
江西	0	14	19	4	2
山东	3	52	63	39	25
河南	4	95	284	153	81
湖北	10	105	248	265	148
湖南	2	62	109	34	22
广东	0	20	35	17	46
广西	0	7	5	0	3
海南	0	7	8	5	0
重庆	5	12	11	4	7
四川	13	81	59	6	48
贵州	1	28	30	4	8
云南	3	143	114	22	57
西藏	0	0	0	0	0
陕西	0	3	5	2	5
甘肃	5	104	121	57	45
青海	0	2	0	1	0
宁夏	0	5	7	1	0
新疆	0	8	13	8	16

4-21 各地区乡镇畜牧兽医站基本情况

单位：个、人、万元

地区	站数	职工总数		按职称分			
			在编人数	高级技术职称	中级技术职称	初级技术职称	技术员
全国总计	**28 399**	**148 072**	**113 874**	**9 682**	**36 865**	**43 267**	**20 081**
北京	114	890	764	13	189	215	185
天津	65	301	247	15	58	72	12
河北	1 206	5 425	4 765	306	1 121	1 632	846
山西	828	3 342	2 660	151	948	1 033	319
内蒙古	678	5 109	4 145	382	1 368	894	1 347
辽宁	659	3 009	2 757	150	1 632	741	139
吉林	635	4 813	4 553	598	1 501	1 536	325
黑龙江	928	4 793	4 302	822	1 731	1 093	627
上海	94	581	147	9	52	107	49
江苏	859	6 058	4 077	350	1 845	1 642	551
浙江	470	1 406	723	9	309	273	256
安徽	1 099	3 133	1 848	195	668	642	459
福建	930	1 771	1 523	186	581	554	172
江西	1 425	6 369	3 528	108	655	1 577	1 383
山东	1 306	6 403	4 974	223	1 793	2 137	549
河南	1 108	5 071	3 409	231	635	900	1 221
湖北	816	8 951	2 329	43	969	1 663	1 544
湖南	1 684	11 519	8 285	248	2 212	3 308	2 034
广东	1 008	5 697	4 308	42	812	1 469	757
广西	1 124	4 871	4 654	45	1 812	1 700	683
海南	54	229	109	1	14	73	25
重庆	898	5 343	4 998	417	1 911	1 516	538
四川	3 568	16 843	15 079	901	5 522	6 658	1 466
贵州	1 368	6 264	4 708	629	1 697	1 830	481
云南	1 310	6 105	5 951	2 350	1 968	1 263	321
西藏	551	3 450	3 250	2	124	1 442	1 448
陕西	909	3 168	2 609	89	626	904	296
甘肃	1 207	6 174	4 648	317	1 413	3 176	597
青海	364	1 635	1 582	110	617	619	193
宁夏	178	794	778	205	289	160	87
新疆	956	8 555	6 164	535	1 793	2 438	1 171

4－21 续表 1

单位：个、人、万元

地 区	按学历分				离退休人员
	研究生	大学本科	大学专科	中专	
全国总计	**940**	**31 445**	**51 218**	**27 696**	**55 696**
北 京	23	359	205	112	383
天 津	1	89	82	29	242
河 北	22	938	2 074	1 477	1 706
山 西	42	748	1 197	608	2 139
内 蒙 古	44	1 161	1 291	750	1 247
辽 宁	20	1 097	1 484	173	1 250
吉 林	40	938	1 660	1 347	2 167
黑 龙 江	60	1 322	2 185	725	1 087
上 海	3	78	78	69	454
江 苏	102	1 282	2 045	886	5 480
浙 江	11	241	341	260	1 199
安 徽	8	535	752	550	1 193
福 建	28	650	489	335	250
江 西	6	300	1 296	1 687	1 806
山 东	113	1 610	1 684	1 604	3 580
河 南	15	421	1 175	1 283	1 158
湖 北	9	326	1 684	1 958	2 863
湖 南	38	930	2 992	3 453	4 396
广 东	52	1 200	1 302	1 482	3 128
广 西	11	1 067	2 677	812	1 241
海 南	0	14	36	65	6
重 庆	68	1 058	2 465	796	3 638
四 川	69	3 015	8 513	2 687	9 069
贵 州	5	1 211	2 564	913	488
云 南	25	2 289	2 714	892	1 235
西 藏	10	1 882	1 264	82	27
陕 西	39	649	902	672	1 559
甘 肃	29	2 627	2 312	671	651
青 海	8	877	507	180	210
宁 夏	7	360	300	100	142
新 疆	32	2 171	2 948	1 038	1 702

4-21　续表 2

单位：个、人、万元

地　区	经营情况			
	盈余站数	盈余金额	亏损站数	亏损金额
全国总计	**1 425**	**2 654.3**	**1 460**	**15 187.0**
北　京	14	105.0	12	1 072.9
天　津	0	0.0	4	181.8
河　北	60	315.6	276	1 511.3
山　西	26	121.6	45	375.6
内蒙古	0	0.0	1	35.0
辽　宁	0	0.0	0	0.0
吉　林	5	1.7	18	19.5
黑龙江	27	18.9	35	1 616.8
上　海	6	30.6	21	408.0
江　苏	156	466.0	38	255.9
浙　江	62	174.8	52	244.3
安　徽	47	73.9	32	18.7
福　建	15	6.3	11	5.0
江　西	46	34.1	110	252.4
山　东	31	118.3	101	554.6
河　南	67	23.1	33	36.9
湖　北	184	269.8	101	1 013.3
湖　南	202	358.8	222	1 923.4
广　东	129	219.7	89	1 595.6
广　西	11	12.8	24	321.0
海　南	0	0.0	0	0.0
重　庆	0	0.0	0	0.0
四　川	74	18.2	140	2 978.1
贵　州	12	0.6	0	0.0
云　南	72	96.0	10	4.5
西　藏	0	0.0	0	0.0
陕　西	14	4.4	0	0.0
甘　肃	89	56.4	54	26.9
青　海	38	37.6	14	120.7
宁　夏	0	0.0	0	0.0
新　疆	38	90.0	17	615.1

4-21　续表 3

单位：个、人、万元

地　区	全年总收入	经营服务收入	全年总支出	工资总额
全国总计	**1 077 727.4**	**55 112.2**	**1 076 423.6**	**756 597.0**
北　京	20 246.3	340.1	21 214.1	11 013.6
天　津	4 533.0	0.0	4 704.6	2 617.8
河　北	24 743.5	3 824.8	25 885.3	21 561.7
山　西	17 935.6	795.8	18 182.4	17 476.7
内蒙古	26 905.3	2 580.0	26 940.3	22 988.4
辽　宁	72 408.4	108.8	72 393.4	17 183.5
吉　林	42 097.2	1 163.2	41 910.3	31 748.4
黑龙江	19 536.9	2 396.4	20 982.1	19 103.9
上　海	3 040.8	53.5	3 418.1	1 593.3
江　苏	141 851.4	2 180.6	141 492.8	42 907.6
浙　江	11 266.0	974.1	11 335.5	5 678.7
安　徽	20 109.4	505.5	20 006.1	11 394.3
福　建	10 133.2	406.1	10 131.9	9 539.5
江　西	20 071.5	694.6	20 118.2	16 207.1
山　东	45 648.5	3 533.0	42 396.3	34 403.9
河　南	13 335.7	2 585.3	13 348.0	11 310.6
湖　北	29 454.0	3 236.2	29 922.0	13 639.2
湖　南	49 072.8	6 479.9	50 572.8	41 375.6
广　东	56 477.9	4 260.1	57 122.4	30 981.6
广　西	34 595.1	1 084.1	34 892.2	30 207.8
海　南	618.5	0.0	618.5	606.0
重　庆	41 133.1	0.0	41 133.1	35 824.9
四　川	125 442.7	1 060.1	128 306.9	105 845.1
贵　州	27 669.3	1 999.8	27 658.6	27 574.3
云　南	55 922.7	2 209.1	55 805.9	53 432.0
西　藏	30 727.6	1 105.7	30 658.1	29 561.4
陕　西	16 827.9	2 450.6	16 751.7	16 035.2
甘　肃	42 073.5	2 602.2	35 153.9	32 052.8
青　海	15 906.2	1 327.4	15 906.5	15 597.9
宁　夏	7 020.7	2 114.4	7 020.7	6 875.2
新　疆	50 922.7	3 041.0	50 440.7	40 259.0

4-22 各地区牧区县畜牧生产情况

单位：头、只、吨

地区	基本情况				
	牧业人口数（万人）	人均纯收入（元/人）	牧业收入（元/人）	牧户数（户）	定居牧户数（户）
全国总计	**439.6**	**12 700.3**	**7 393.3**	**1 166 718**	**1 084 357**
内蒙古	76.1	16 291.9	12 613.1	263 274	244 383
黑龙江	5.9	15 416.0	8 633.0	24 347	24 347
四川	115.5	12 976.3	4 374.1	270 999	247 960
西藏	48.8	11 807.1	7 042.9	106 394	103 498
甘肃	32.8	8 837.4	6 461.9	71 956	70 346
青海	89.6	10 917.5	8 685.1	227 587	217 372
宁夏	21.2	11 145.0	4 031.6	74 640	72 770
新疆	49.7	13 540.6	6 336.7	127 521	103 681

地区	畜禽饲养情况				
	大牲畜年末存栏	牛年末存栏	能繁母牛	当年成活犊牛	牦牛年末存栏
全国总计	**17 360 077**	**15 558 815**	**7 962 944**	**4 343 503**	**10 910 169**
内蒙古	2 847 773	2 296 941	1 463 367	632 689	0
黑龙江	126 787	115 070	62 775	24 052	0
四川	3 839 367	3 435 159	1 593 627	984 920	3 038 845
西藏	2 468 834	2 427 735	927 258	497 031	2 160 073
甘肃	1 261 133	1 194 477	654 557	431 392	1 127 744
青海	4 734 823	4 594 098	2 424 900	1 271 782	4 514 343
宁夏	107 278	96 768	28 854	20 200	0
新疆	1 974 082	1 398 567	807 606	481 437	69 164

4－22　续表 1

单位：头、只、吨

地区	畜禽饲养情况				
	绵羊年末存栏	能繁母羊	当年生存栏羔羊	细毛羊	半细毛羊
全国总计	**39 850 671**	**27 356 573**	**8 992 723**	**3 231 948**	**6 394 934**
内蒙古	14 421 139	11 291 773	2 514 414	1 831 153	1 261 206
黑龙江	276 560	228 654	28 764	0	276 560
四　川	1 733 251	815 999	681 906	71 690	578 357
西　藏	3 330 281	1 653 989	939 846	223 672	841 578
甘　肃	3 008 625	1 923 843	867 877	703 988	1 043 810
青　海	9 148 641	5 488 006	2 410 366	0	644 083
宁　夏	1 626 500	989 000	489 630	0	1 086 500
新　疆	6 305 674	4 965 309	1 059 920	401 445	662 840

地区	畜禽饲养情况		畜产品产量与出栏情况			
	山羊年末存栏	绒山羊	肉类总产量	牛肉产量	猪肉产量	羊肉产量
全国总计	**10 127 405**	**7 824 087**	**1 563 252**	**685 771**	**155 240**	**645 344**
内蒙古	5 557 123	5 332 200	514 004	166 694	47 869	278 510
黑龙江	8 817	1 511	37 511	11 912	13 919	5 058
四　川	924 072	31 086	222 110	116 578	73 230	27 471
西　藏	1 570 644	976 579	93 969	66 069	0	27 899
甘　肃	224 807	213 960	113 628	56 803	3 572	52 435
青　海	719 839	409 234	244 846	140 262	3 373	99 815
宁　夏	438 800	438 800	79 002	26 960	4 089	44 795
新　疆	683 303	420 717	258 180	100 494	9 187	109 362

4－22 续表2

单位：头、只、吨、万张

地区	畜产品产量与出栏情况					
	奶产量	毛产量	山羊绒产量	山羊毛产量	绵羊毛产量	细羊毛产量
全国总计	**2 231 858**	**72 213**	**3 917**	**5 793**	**62 650**	**11 757**
内蒙古	1 003 821	32 150	2 929	1 271	27 191	9 014
黑龙江	247 516	549	0	19	530	0
四川	193 403	2 539	52	438	1 789	312
西藏	98 555	5 206	321	2 763	3 530	93
甘肃	96 814	4 252	108	98	3 543	1 880
青海	199 938	12 737	234	303	12 713	0
宁夏	20 190	2 609	72	230	2 325	0
新疆	371 621	12 172	200	670	11 029	458

地区	畜产品产量与出栏情况				
	半细羊毛产量	牛皮产量	羊皮产量	牛出栏	羊出栏
全国总计	**12 123**	**408.3**	**3 022.8**	**5 301 631**	**36 664 681**
内蒙古	3 876	90.4	1 475.0	1 064 061	15 652 925
黑龙江	530	0.8	1.1	75 055	300 926
四川	1 365	74.2	106.7	893 319	1 694 446
西藏	723	31.0	120.2	471 917	1 659 022
甘肃	427	24.6	134.3	457 456	2 285 590
青海	1 449	138.8	549.5	1 542 113	5 739 862
宁夏	2 050	4.0	214.9	150 040	3 068 740
新疆	1 703	44.6	421.2	647 670	6 263 170

4－22 续表 3

单位：头、只、吨

地区	畜产品出售情况			
	出售肉类总产量	牛肉产量	猪肉产量	羊肉产量
全国总计	**1 281 318**	**557 892**	**125 633**	**568 347**
内蒙古	450 980	145 222	40 958	256 810
黑龙江	37 511	11 912	13 919	5 058
四川	160 075	88 242	52 422	18 983
西藏	56 022	40 733	0	15 285
甘肃	100 205	46 233	3 572	50 116
青海	204 974	114 748	2 803	86 743
宁夏	74 010	26 000	4 009	43 445
新疆	197 542	84 802	7 950	91 907

地区	畜产品出售情况		
	出售奶总量	出售羊绒总量	出售羊毛总量
全国总计	**1 660 043**	**3 731**	**57 297**
内蒙古	795 495	2 834	27 171
黑龙江	247 516	0	549
四川	138 024	20	1 716
西藏	54 326	280	3 316
甘肃	59 593	108	2 402
青海	135 220	218	9 495
宁夏	20 190	71	2 430
新疆	209 679	199	10 218

4-23 各地区半牧区县畜牧生产情况

单位：头、只、吨

地区	基本情况				
	牧业人口数（万人）	人均纯收入（元/人）	牧业收入（元/人）	牧户数（户）	定居牧户数（户）
全国总计	**1 319.2**	**11 202.3**	**4 545.2**	**3 236 722**	**3 097 088**
河北	88.5	6 970.7	3 636.8	163 348	148 728
山西	7.0	4 600.0	2 900.0	17 085	10 251
内蒙古	235.2	12 305.5	5 877.5	645 586	638 159
辽宁	175.3	13 181.4	4 794.5	441 026	440 937
吉林	147.9	9 485.9	4 052.9	315 444	304 446
黑龙江	229.9	10 438.3	4 916.6	650 009	648 210
四川	232.7	12 831.2	3 835.1	489 394	461 244
云南	26.4	9 190.0	5 101.4	69 219	41 007
西藏	41.0	12 507.8	6 292.6	91 407	83 386
甘肃	55.4	8 311.7	1 598.5	124 216	106 991
青海	3.8	10 167.5	6 729.9	10 918	10 828
宁夏	39.5	8 692.0	1 102.0	133 958	133 958
新疆	36.6	14 694.4	7 061.8	85 112	68 943

地区	畜禽饲养情况				
	大牲畜年末存栏	牛年末存栏	能繁母牛	当年成活犊牛	牦牛年末存栏
全国总计	**17 129 126**	**14 431 522**	**7 281 993**	**4 309 929**	**3 697 807**
河北	770 924	663 328	311 912	196 545	2 850
山西	17 527	12 930	4 822	3 734	0
内蒙古	5 115 481	4 217 649	2 454 711	1 314 378	0
辽宁	1 254 141	860 423	436 234	281 211	0
吉林	554 248	444 667	251 011	167 226	0
黑龙江	1 781 652	1 705 122	845 519	480 552	0
四川	2 688 023	2 210 016	970 474	525 334	1 093 781
云南	200 680	183 351	82 159	50 637	57 007
西藏	2 454 591	2 322 342	967 149	753 498	1 942 030
甘肃	661 958	552 481	250 791	172 960	296 940
青海	289 642	273 085	152 177	95 141	161 082
宁夏	153 085	133 560	66 900	20 300	0
新疆	1 187 174	852 568	488 134	248 413	144 117

4-23 续表1

单位：头、只、吨

地区	畜禽饲养情况				
	绵羊年末存栏	能繁母羊	当年生存栏羔羊	细毛羊	半细毛羊
全国总计	**50 942 325**	**31 446 376**	**13 797 468**	**16 370 123**	**10 276 166**
河北	1 667 043	1 055 477	383 823	481 805	1 075 238
山西	245 925	145 251	100 223	245 925	0
内蒙古	21 882 786	13 830 535	5 982 509	8 456 087	1 796 380
辽宁	2 985 298	1 593 518	1 172 491	581 115	1 728 025
吉林	4 351 056	2 485 081	1 234 258	4 022 152	325 712
黑龙江	3 619 196	2 166 548	1 046 362	1 151 585	2 286 337
四川	1 643 165	761 827	400 064	80 816	1 031 256
云南	45 943	10 757	8 677	0	29 690
西藏	1 524 064	768 269	453 557	152 102	531 348
甘肃	4 397 467	2 541 965	1 183 839	326 163	92 665
青海	1 015 080	621 061	223 330	0	304 355
宁夏	642 900	417 800	219 300	0	0
新疆	6 922 402	5 048 287	1 389 035	872 373	1 075 160

地区	畜禽饲养情况		畜产品产量与出栏情况		
	山羊年末存栏	绒山羊	肉类总产量	牛肉产量	猪肉产量
全国总计	**11 294 246**	**6 977 199**	**4 906 482**	**1 002 500**	**2 075 170**
河北	91 373	69 373	205 790	84 666	53 592
山西	28 698	28 698	11 899	1 989	3 523
内蒙古	4 898 525	4 684 140	1 258 116	279 186	422 214
辽宁	399 770	104 694	1 163 813	151 022	573 886
吉林	228 010	101 223	452 523	37 504	228 858
黑龙江	345 664	42 761	729 369	142 011	403 365
四川	2 485 681	37 232	418 057	78 982	247 247
云南	130 187	0	31 430	4 278	23 360
西藏	766 645	448 000	112 672	88 820	4 661
甘肃	569 604	369 395	176 781	20 302	75 553
青海	182 647	12 756	27 597	12 512	2 339
宁夏	43 500	43 500	36 572	19 233	4 183
新疆	1 123 942	1 035 427	281 863	81 995	32 391

4-23 续表 2

单位：头、只、吨、万张

地区	畜产品产量与出栏情况					
	羊肉产量	奶产量	毛产量	山羊绒产量	山羊毛产量	绵羊毛产量
全国总计	**981 746**	**3 769 424**	**100 975**	**2 923**	**6 453**	**88 274**
河北	27 458	209 533	3 062	51	203	2 843
山西	6 231	3 214	376	0	0	376
内蒙古	387 198	1 339 201	47 673	2 139	2 846	42 656
辽宁	116 495	269 984	5 295	4	99	5 193
吉林	89 687	123 776	7 197	110	578	6 528
黑龙江	56 919	1 172 317	8 834	22	860	7 008
四川	57 983	116 755	2 759	16	464	2 156
云南	1 513	36 000	91	30	21	70
西藏	18 100	126 719	1 815	162	188	1 366
甘肃	70 528	52 612	7 993	58	273	5 999
青海	12 118	34 816	1 358	5	98	1 260
宁夏	11 699	450	1 300	9	11	1 280
新疆	125 816	284 047	13 222	317	812	11 539

地区	畜产品产量与出栏情况			
	细羊毛产量	半细羊毛产量	牛皮产量	羊皮产量
全国总计	**33 113**	**20 056**	**418.9**	**4 203.5**
河北	775	1 952	25.4	127.2
山西	376	0	1.5	40.2
内蒙古	18 679	3 946	109.1	1 737.3
辽宁	1 011	3 884	42.1	517.5
吉林	5 911	617	19.6	259.5
黑龙江	2 248	4 431	40.5	183.5
四川	269	1 494	52.9	293.2
云南	3	16	1.5	2.1
西藏	281	574	57.7	77.5
甘肃	1 193	368	5.5	235.4
青海	0	762	12.7	74.9
宁夏	0	0	6.3	44.8
新疆	2 368	2 014	44.3	610.4

4－23 续表 3

单位：头、只、吨

地区	畜产品产量与出栏情况		畜产品出售情况	
	牛出栏	羊出栏	出售肉类总产量	牛肉产量
全国总计	**6 388 419**	**57 725 618**	**4 027 386**	**813 009**
河北	521 623	1 850 629	146 922	77 112
山西	14 736	402 347	10 992	1 929
内蒙古	1 646 850	21 930 956	1 095 704	251 258
辽宁	770 456	6 563 549	984 440	121 965
吉林	236 594	5 238 735	373 186	34 938
黑龙江	893 306	3 433 546	552 409	107 601
四川	633 202	3 564 568	338 683	59 643
云南	33 932	90 814	29 173	3 725
西藏	646 234	955 332	51 021	39 471
甘肃	218 161	4 578 589	157 929	17 885
青海	128 979	749 437	23 371	10 160
宁夏	132 640	899 950	34 944	19 123
新疆	511 706	7 467 166	228 612	68 200

地区	畜产品出售情况				
	猪肉产量	羊肉产量	出售奶总量	出售羊绒总量	出售羊毛总量
全国总计	**1 813 703**	**816 357**	**3 181 282**	**2 718**	**81 411**
河北	47 775	21 845	159 384	51	2 740
山西	3 135	5 928	3 165	0	0
内蒙古	382 682	340 750	1 229 870	2 110	39 015
辽宁	486 546	103 503	210 366	4	4 773
吉林	210 312	56 277	113 288	106	6 093
黑龙江	336 302	42 625	1 096 837	12	7 403
四川	211 125	44 436	89 751	6	1 990
云南	22 730	1 461	13 969	0	26
西藏	4 079	7 432	21 932	112	431
甘肃	72 664	61 299	49 110	44	5 676
青海	1 933	11 258	28 338	5	1 296
宁夏	4 163	11 658	450	9	1 290
新疆	30 260	107 883	164 821	261	10 678

4-24 各地区生猪饲养规模场（户）数情况

单位：个

地 区	年出栏 1～49头 场（户）数	年出栏 50～99头 场（户）数	年出栏 100～499头 场（户）数	年出栏 500～999头 场（户）数
全国总计	**21 445 792**	**733 678**	**404 688**	**90 508**
北 京	6	0	10	6
天 津	645	719	1 555	651
河 北	364 383	37 751	28 457	5 381
山 西	61 423	14 012	13 357	2 311
内蒙古	650 719	9 430	3 681	832
辽 宁	399 556	49 198	22 852	4 443
吉 林	176 367	25 316	13 528	2 246
黑龙江	152 430	31 652	18 906	2 045
上 海	1	0	3	10
江 苏	100 555	13 117	11 516	4 119
浙 江	127 595	2 110	1 808	819
安 徽	652 718	28 441	14 446	3 847
福 建	19 899	2 604	3 398	1 842
江 西	244 695	14 836	10 840	3 400
山 东	170 528	61 578	46 160	6 943
河 南	319 003	32 031	37 317	10 692
湖 北	1 477 307	33 448	24 814	4 556
湖 南	1 593 635	76 938	32 434	8 967
广 东	124 995	19 736	21 501	5 630
广 西	706 283	28 835	13 567	3 017
海 南	64 014	4 556	1 877	453
重 庆	1 921 673	14 392	6 741	1 463
四 川	3 685 335	64 791	28 537	9 458
贵 州	2 627 703	9 531	4 993	951
云 南	4 318 223	110 676	18 093	2 490
西 藏	28 030	63	17	2
陕 西	421 113	20 206	11 365	1 716
甘 肃	818 060	20 073	9 206	1 309
青 海	114 921	1 458	236	33
宁 夏	94 456	2 604	1 056	175
新 疆	9 521	3 576	2 417	701

4-24 续表

单位：个

地 区	年出栏 1 000～2 999 头 场（户）数	年出栏 3 000～4 999 头 场（户）数	年出栏 5 000～9 999 头 场（户）数	年出栏 10 000～49 999 头 场（户）数	年出栏 50 000 头以上 场（户）数
全国总计	**44 360**	**9 849**	**5 373**	**3 101**	**373**
北 京	14	12	12	5	0
天 津	343	91	28	12	0
河 北	1 817	447	238	125	19
山 西	988	236	146	73	7
内蒙古	441	84	70	35	14
辽 宁	1 479	288	181	55	9
吉 林	918	209	65	43	5
黑龙江	781	233	105	75	14
上 海	64	1	6	37	1
江 苏	2 492	399	244	195	19
浙 江	746	222	161	144	5
安 徽	2 177	506	252	131	7
福 建	1 503	536	359	164	6
江 西	2 618	682	374	242	18
山 东	2 522	571	279	120	24
河 南	4 564	1 077	643	357	96
湖 北	2 871	460	319	267	40
湖 南	3 375	883	375	201	25
广 东	3 692	647	305	164	14
广 西	1 803	267	164	90	9
海 南	241	61	37	43	2
重 庆	583	118	56	26	1
四 川	4 692	898	372	178	12
贵 州	586	142	72	33	6
云 南	1 328	277	184	101	9
西 藏	2	2	0	1	0
陕 西	782	240	166	77	6
甘 肃	487	113	67	24	1
青 海	22	1	2	3	0
宁 夏	71	14	13	6	0
新 疆	358	132	78	74	4

4-25　各地区蛋鸡饲养规模场（户）数情况

单位：个

地　区	年存栏 1～499 只 场（户）数	年存栏 500～1 999 只 场（户）数	年存栏 2 000～9 999 只 场（户）数
全国总计	**9 123 038**	**165 898**	**111 231**
北　京	7 455	218	74
天　津	4 591	362	649
河　北	508 955	33 676	19 488
山　西	108 829	5 622	8 824
内蒙古	406 288	2 949	1 636
辽　宁	554 360	7 299	9 618
吉　林	247 631	5 925	2 469
黑龙江	189 596	11 217	5 144
上　海	1	16	0
江　苏	84 452	2 718	10 193
浙　江	48 185	518	398
安　徽	345 688	9 072	2 826
福　建	70 239	767	239
江　西	325 214	3 373	1 060
山　东	383 454	11 245	13 078
河　南	708 602	29 495	13 177
湖　北	561 807	7 998	5 439
湖　南	494 087	10 354	3 353
广　东	369 838	378	281
广　西	53 688	139	106
海　南	44 652	52	37
重　庆	439 193	2 611	600
四　川	1 295 722	6 803	2 466
贵　州	128 522	1 779	691
云　南	379 029	1 755	1 722
西　藏	14 165	3	8
陕　西	354 623	4 789	3 814
甘　肃	523 293	2 666	1 681
青　海	861	53	19
宁　夏	96 649	551	683
新　疆	373 369	1 495	1 458

4-25　续表

单位：个

地　区	年存栏 10 000～49 999 只 场（户）数	年存栏 50 000～99 999 只 场（户）数	年存栏 100 000～499 999 只 场（户）数	年存栏 500 000 只以上 场（户）数
全国总计	**33 873**	**2 578**	**1 241**	**95**
北　京	47	8	5	2
天　津	314	26	17	1
河　北	3 022	195	86	6
山　西	1 716	116	70	10
内蒙古	424	36	20	4
辽　宁	2 388	181	76	2
吉　林	822	62	19	7
黑龙江	526	59	18	1
上　海	3	3	5	0
江　苏	3 944	228	115	4
浙　江	279	45	16	1
安　徽	1 229	126	46	4
福　建	90	39	36	4
江　西	549	52	28	3
山　东	4 345	313	114	4
河　南	4 051	227	85	4
湖　北	4 029	251	120	7
湖　南	1 184	90	39	5
广　东	196	41	25	3
广　西	79	21	26	5
海　南	59	26	12	0
重　庆	308	28	19	1
四　川	915	107	76	4
贵　州	328	47	50	2
云　南	905	88	43	2
西　藏	10	0	0	0
陕　西	992	51	21	2
甘　肃	444	46	11	2
青　海	26	3	1	0
宁　夏	194	15	3	3
新　疆	455	48	39	2

4-26 各地区肉鸡饲养规模场（户）数情况

单位：个

地 区	年出栏 1～1 999 只 场（户）数	年出栏 2 000～9 999 只 场（户）数	年出栏 10 000～29 999 只 场（户）数	年出栏 30 000～49 999 只 场（户）数
全国总计	**17 067 707**	**142 151**	**56 392**	**27 698**
北 京	26	18	12	4
天 津	41	82	106	105
河 北	48 079	8 231	2 049	1 333
山 西	10 563	511	461	354
内蒙古	242 856	2 608	116	63
辽 宁	63 514	6 299	6 542	3 293
吉 林	59 453	7 211	2 839	574
黑龙江	132 107	3 832	542	116
上 海	978	102	0	2
江 苏	149 383	1 286	1 906	1 076
浙 江	214 394	2 132	1 292	612
安 徽	623 348	10 988	2 527	2 341
福 建	300 834	2 601	853	262
江 西	464 686	5 888	771	714
山 东	112 330	5 555	4 012	4 270
河 南	162 326	7 390	2 371	1 701
湖 北	207 172	5 506	1 380	742
湖 南	1 781 649	11 311	1 957	849
广 东	1 526 216	11 096	7 932	4 990
广 西	2 745 822	21 317	9 642	1 838
海 南	504 708	2 452	1 578	485
重 庆	351 814	2 232	377	189
四 川	2 979 426	8 583	2 511	798
贵 州	1 278 466	3 378	598	100
云 南	1 842 102	5 838	2 907	641
西 藏	3 934	2	0	0
陕 西	227 550	1 514	379	81
甘 肃	347 819	1 187	199	30
青 海	6 059	24	7	2
宁 夏	91 620	812	71	11
新 疆	588 432	2 165	455	122

4-26　续表

单位：个

地区	年出栏 50 000～99 999 只 场（户）数	年出栏 100 000～499 999 只 场（户）数	年出栏 500 000～999 999 只 场（户）数	年出栏 100 万只以上 场（户）数
全国总计	**17 603**	**8 848**	**1 127**	**1 177**
北　京	2	5	0	0
天　津	191	96	11	3
河　北	1 205	657	87	45
山　西	354	285	32	46
内蒙古	34	27	1	1
辽　宁	2 706	1 256	196	122
吉　林	247	145	24	18
黑龙江	95	63	11	35
上　海	2	16	1	0
江　苏	828	441	77	49
浙　江	503	92	5	10
安　徽	1 396	354	42	46
福　建	170	191	10	199
江　西	213	77	18	16
山　东	4 758	3 411	408	430
河　南	854	477	58	41
湖　北	490	251	12	34
湖　南	302	82	22	10
广　东	1 834	440	30	31
广　西	396	109	37	26
海　南	126	43	4	3
重　庆	38	11	1	0
四　川	314	116	1	1
贵　州	56	24	1	3
云　南	239	52	3	1
西　藏	2	1	0	0
陕　西	167	67	7	5
甘　肃	12	7	19	0
青　海	1	2	0	0
宁　夏	0	1	0	0
新　疆	68	49	9	2

4-27 各地区奶牛饲养规模场（户）数情况

单位：个

地 区	年存栏 1～49头 场（户）数	年存栏 50～99头 场（户）数	年存栏 100～199头 场（户）数	年存栏 200～499头 场（户）数
全国总计	**533 327**	**6 023**	**2 010**	**1 845**
北 京	89	3	7	15
天 津	4	7	2	16
河 北	1 343	250	165	307
山 西	13 827	257	82	160
内蒙古	24 748	1 465	797	238
辽 宁	4 068	74	28	47
吉 林	1 805	29	16	24
黑龙江	19 171	545	113	160
上 海	0	1	0	3
江 苏	35	10	20	47
浙 江	110	14	12	12
安 徽	118	21	10	11
福 建	934	1	1	1
江 西	181	105	3	1
山 东	3 787	483	207	294
河 南	21 382	398	90	144
湖 北	7	3	4	6
湖 南	1 102	9	3	4
广 东	352	4	1	5
广 西	170	8	5	5
海 南	0	0	0	3
重 庆	185	1	3	2
四 川	7 944	42	24	26
贵 州	74	1	1	4
云 南	19 999	73	15	25
西 藏	37 198	10	35	5
陕 西	15 604	674	107	124
甘 肃	12 621	108	35	22
青 海	32 319	57	7	9
宁 夏	1 306	9	7	24
新 疆	312 844	1 361	210	101

4－27 续表

单位：个

地 区	年存栏 500～999 头场（户）数	年存栏 1 000～1 999 头场（户）数	年存栏 2 000～4 999 头场（户）数	年存栏 5 000 头以上场（户）数
全国总计	**1 285**	**698**	**388**	**140**
北 京	16	16	5	1
天 津	41	21	10	1
河 北	413	150	41	21
山 西	68	26	13	6
内蒙古	119	63	58	28
辽 宁	23	27	59	3
吉 林	6	3	1	2
黑龙江	77	59	41	14
上 海	8	7	3	2
江 苏	31	18	8	5
浙 江	15	11	2	0
安 徽	13	5	5	3
福 建	4	20	0	0
江 西	7	0	0	0
山 东	141	47	19	22
河 南	65	20	11	4
湖 北	3	2	3	0
湖 南	1	4	1	0
广 东	12	8	7	0
广 西	6	2	1	0
海 南	1	0	0	0
重 庆	5	1	0	0
四 川	12	9	1	1
贵 州	1	3	2	0
云 南	16	7	4	1
西 藏	4	1	0	0
陕 西	56	16	6	2
甘 肃	10	10	17	6
青 海	2	1	1	0
宁 夏	55	95	49	16
新 疆	54	46	20	2

4-28　各地区肉牛饲养规模场（户）数情况

单位：个

地　区	年出栏 1～9头 场（户）数	年出栏 10～49头 场（户）数	年出栏 50～99头 场（户）数
全国总计	**7 457 516**	**367 157**	**56 842**
北　京	167	126	51
天　津	2 016	1 642	252
河　北	230 378	28 009	2 613
山　西	52 509	7 622	926
内蒙古	249 611	49 662	9 161
辽　宁	156 169	24 578	4 421
吉　林	142 610	18 063	2 158
黑龙江	104 172	18 689	4 860
上　海	0	0	0
江　苏	8 566	1 155	362
浙　江	16 520	643	78
安　徽	129 860	6 482	1 046
福　建	49 388	1 590	99
江　西	345 502	9 093	1 608
山　东	128 852	15 336	2 865
河　南	566 839	16 643	2 313
湖　北	267 937	13 629	1 527
湖　南	380 160	20 949	3 024
广　东	124 901	2 543	324
广　西	421 373	6 858	808
海　南	74 527	1 690	206
重　庆	117 322	4 005	352
四　川	464 371	11 516	2 242
贵　州	524 210	8 816	1 086
云　南	1 385 452	14 908	1 775
西　藏	135 303	2 696	87
陕　西	111 571	4 577	848
甘　肃	481 256	21 055	2 489
青　海	168 758	15 501	4 465
宁　夏	234 180	13 597	1 030
新　疆	383 036	25 484	3 766

4-28　续表

单位：个

地　区	年出栏 100～499 头 场（户）数	年出栏 500～999 头 场（户）数	年出栏 1 000 头以上 场（户）数
全国总计	**17 060**	**1 984**	**729**
北　京	20	4	2
天　津	184	22	9
河　北	980	153	53
山　西	446	43	28
内蒙古	1 524	114	47
辽　宁	1 435	142	26
吉　林	735	99	24
黑龙江	815	71	29
上　海	0	0	0
江　苏	121	23	10
浙　江	21	3	0
安　徽	596	83	23
福　建	37	11	7
江　西	361	49	19
山　东	1 088	151	68
河　南	1 400	248	93
湖　北	1 125	112	55
湖　南	573	30	6
广　东	105	7	2
广　西	220	17	12
海　南	27	2	0
重　庆	153	6	3
四　川	912	75	25
贵　州	278	25	5
云　南	614	51	31
西　藏	65	0	1
陕　西	319	14	7
甘　肃	789	86	24
青　海	560	91	18
宁　夏	308	38	22
新　疆	1 249	214	80

4－29 各地区羊饲养规模场（户）数情况

单位：个

地 区	年出栏 1～29只 场（户）数	年出栏 30～99只 场（户）数	年出栏 100～199只 场（户）数	年出栏 200～499只 场（户）数
全国总计	**9 505 586**	**1 236 615**	**267 946**	**101 404**
北 京	1 295	904	211	33
天 津	1 621	2 383	370	123
河 北	306 812	93 903	8 853	3 296
山 西	101 198	51 190	15 743	5 768
内蒙古	400 999	209 966	91 357	36 032
辽 宁	122 217	50 026	14 233	4 104
吉 林	35 006	33 321	3 733	1 949
黑龙江	67 564	25 280	8 336	2 151
上 海	13 217	651	2	7
江 苏	298 971	14 185	2 256	1 180
浙 江	94 390	3 302	794	549
安 徽	338 540	46 928	4 252	1 520
福 建	35 435	5 482	630	376
江 西	53 965	5 130	1 500	418
山 东	434 801	73 574	9 217	3 067
河 南	1 037 263	48 384	4 619	2 456
湖 北	375 511	32 236	3 485	1 400
湖 南	296 589	32 380	5 266	2 421
广 东	12 991	2 965	645	194
广 西	96 594	9 847	2 084	480
海 南	48 219	3 119	381	71
重 庆	278 490	16 128	1 317	442
四 川	1 508 183	76 716	7 752	2 503
贵 州	365 643	14 748	1 417	373
云 南	665 152	45 137	3 417	624
西 藏	115 830	5 170	1 292	225
陕 西	327 033	54 623	4 014	1 528
甘 肃	705 373	80 191	12 710	6 315
青 海	107 004	21 844	11 668	4 704
宁 夏	208 022	17 569	11 525	3 747
新 疆	1 051 658	159 333	34 867	13 348

4－29 续表

单位：个

地区	年出栏 500～999只 场（户）数	年出栏 1 000～2 999只 场（户）数	年出栏 3 000只以上 场（户）数
全国总计	**24 114**	**7 441**	**1 850**
北　京	27	2	1
天　津	21	12	6
河　北	1 341	681	208
山　西	1 274	602	256
内蒙古	7 709	1 350	226
辽　宁	1 045	145	47
吉　林	457	171	32
黑龙江	274	86	18
上　海	3	4	2
江　苏	728	384	81
浙　江	165	123	45
安　徽	645	297	87
福　建	58	23	2
江　西	83	28	4
山　东	1 027	724	257
河　南	822	421	116
湖　北	312	193	23
湖　南	319	20	1
广　东	19	16	1
广　西	42	20	2
海　南	28	14	1
重　庆	81	13	1
四　川	513	90	20
贵　州	61	14	3
云　南	120	31	1
西　藏	29	16	1
陕　西	365	61	3
甘　肃	1 927	455	89
青　海	625	175	14
宁　夏	766	398	151
新　疆	3 228	872	151

五、畜产品及饲料集市价格

5-1 各地区2019年1月畜产品及饲料集市价格

单位：元/千克、元/只

地区	仔猪	活猪	猪肉	鸡蛋	商品代蛋雏鸡	商品代肉雏鸡	活鸡	白条鸡	牛肉
全国均价	**22.00**	**13.12**	**23.16**	**10.24**	**3.42**	**3.79**	**20.07**	**20.42**	**69.29**
北京	21.40	11.20	20.07	9.24	3.45			16.05	62.78
天津	23.50	11.21	24.00	9.09	2.83	4.72	9.08	16.69	65.84
河北	17.22	11.01	19.64	8.49	3.09	5.13	9.95	16.39	60.16
山西	20.27	10.09	19.28	8.85	3.22	4.14	16.27	18.68	62.37
内蒙古	29.30	13.41	22.17	9.12	4.31	4.69	17.60	18.43	62.80
辽宁	18.77	8.73	16.89	8.33	3.16	5.58	27.15	16.71	63.01
吉林	18.67	9.21	17.03	8.45	3.72	5.04	20.60	15.78	65.20
黑龙江	16.06	8.35	14.18	7.98	3.04	3.51	11.38	15.38	62.45
上海		13.72	27.56	10.32	3.16	2.10	23.71	23.28	78.67
江苏	14.50	11.80	21.97	9.37	3.24	4.40	19.17	18.57	75.77
浙江	24.58	16.86	29.94	10.70	3.03	2.41	18.38	20.09	80.27
安徽	21.71	12.76	22.52	9.58	3.13	2.21	17.12	17.64	70.04
福建	26.92	17.29	28.00	10.72	3.20	2.39	23.28	23.36	83.13
江西	25.48	11.86	22.99	11.49	3.25	2.61	24.71	22.06	80.12
山东	19.17	12.45	22.40	8.61	3.14	4.60	10.40	16.10	66.59
河南	18.60	10.76	19.59	8.87	3.08	3.36	12.78	15.14	62.51
湖北	20.55	11.59	22.26	9.73	3.54	3.83	17.62	16.81	72.82
湖南	26.95	14.45	25.18	10.63	3.33	3.15	26.50	23.98	80.62
广东	27.58	13.59	24.25	11.68	3.09	2.25	24.74	30.94	79.95
广西	20.79	12.26	21.71	13.11	4.17	1.99	25.09	28.95	75.58
海南	18.84	13.98	25.38	13.11	3.80	3.35	28.95	31.36	99.97
重庆	18.47	17.13	27.15	11.00	3.60	3.41	24.68	19.99	71.42
四川	22.61	18.15	29.34	13.11	4.05	4.45	30.43	27.51	69.05
贵州	20.59	19.02	30.10	13.13	3.98	3.83	26.62	26.35	71.37
云南	22.12	14.12	25.31	10.97	4.04	4.39	20.38	23.18	68.08
陕西	24.54	12.30	21.88	9.59	3.69	5.25	18.93	18.89	64.14
甘肃	31.38	14.60	27.15	10.18	4.00	3.87	20.19	22.81	63.54
青海	36.95	16.76	25.73	11.05	3.26	3.50	24.33	27.36	62.33
宁夏	26.02	13.74	24.66	9.75	3.36	3.31	19.58	19.30	61.01
新疆	20.89	12.68	22.99	10.69	3.60	3.78	19.25	20.94	64.44

5-1　续表

单位：元/千克、元/只

地　区	生鲜乳	羊肉	玉米	豆粕	小麦麸	进口鱼粉	育肥猪配合饲料	肉鸡配合饲料	蛋鸡配合饲料
全国均价	**3.81**	**69.94**	**2.06**	**3.35**	**1.82**	**12.22**	**3.05**	**3.14**	**2.87**
北　京	3.63	67.24	2.01	3.39	1.66	14.50	3.14	2.96	2.83
天　津	3.75	72.48	1.97	3.04	1.55	8.60	2.66	3.25	2.54
河　北	3.65	69.23	1.94	3.16	1.55	10.88	2.68	3.13	2.49
山　西	3.67	67.61	1.90	3.18	1.64	11.26	2.92	3.16	2.53
内蒙古	3.58	62.44	1.88	3.26	1.84	9.84	3.25	3.28	3.10
辽　宁	3.70	68.76	1.84	3.07	1.82	11.68	2.85	3.00	2.54
吉　林	3.83	66.90	1.75	3.27	1.77	12.37	2.96	2.83	2.60
黑龙江	3.45	68.54	1.66	3.48	1.83	11.41	2.81	2.85	2.71
上　海	4.45	82.13	2.11	3.03	1.63	11.53	2.84	3.02	2.70
江　苏	3.58	70.68	2.06	3.11	1.60	13.19	2.62	2.91	2.48
浙　江	5.49	71.76	2.17	3.24	1.77	12.34	2.85	2.95	2.89
安　徽	3.87	71.77	2.04	3.30	1.64	11.13	2.75	2.94	2.64
福　建	4.06	78.98	2.16	3.09	1.84	13.44	2.77	2.97	2.87
江　西	3.30	67.74	2.19	3.35	2.05	13.32	2.89	3.00	3.01
山　东	3.56	73.80	1.94	3.16	1.57	12.15	2.80	2.85	2.54
河　南	3.60	68.70	1.98	3.26	1.62	12.60	2.89	3.04	2.66
湖　北	3.96	66.53	2.17	3.36	1.79	12.66	2.95	2.92	2.75
湖　南		69.09	2.18	3.50	1.92	10.88	3.15	3.29	3.15
广　东	5.78	72.13	2.21	3.20	1.91	12.71	3.05	3.09	3.00
广　西	5.30	72.60	2.37	3.53	2.14	12.83	3.29	3.33	3.22
海　南		100.33	2.22	3.68	2.06		3.04	3.29	3.13
重　庆	4.89	72.09	2.20	3.34	2.02	11.50	3.16	3.15	3.12
四　川	4.19	73.63	2.26	3.57	1.99	11.67	3.45	3.44	3.34
贵　州	3.98	72.49	2.31	3.71	2.29	12.36	3.61	3.61	3.39
云　南	3.43	74.88	2.24	3.63	2.11	12.19	3.74	3.58	3.43
陕　西	3.59	70.73	1.96	3.31	1.72	13.67	3.13	3.13	2.76
甘　肃	3.59	62.53	2.06	3.51	1.81	12.95	3.10	3.10	2.96
青　海	4.12	64.08	2.18	3.04	1.92		3.35	3.33	3.09
宁　夏	3.74	60.03	1.96	3.56	1.75	12.44	3.53	3.33	3.00
新　疆	3.75	60.50	1.89	3.91	1.78	14.83	3.02	3.19	2.90

5－2 各地区2019年2月畜产品及饲料集市价格

单位：元/千克、元/只

地区	仔猪	活猪	猪肉	鸡蛋	商品代蛋雏鸡	商品代肉雏鸡	活鸡	白条鸡	牛肉
全国均价	**23.04**	**12.55**	**22.55**	**9.72**	**3.43**	**4.22**	**20.06**	**20.39**	**69.98**
北京	20.67	11.77	20.33	8.42	3.45			15.89	62.13
天津	22.13	11.09	23.87	7.94	3.02	6.29	8.42	15.85	67.15
河北	17.20	10.66	18.99	7.33	3.06	5.79	9.41	15.94	60.40
山西	23.06	10.78	19.57	8.02	3.15	5.07	15.81	18.66	63.48
内蒙古	30.14	12.96	21.73	8.94	4.37	4.77	17.44	18.37	63.19
辽宁	25.89	10.49	17.59	7.33	3.14	6.79	27.40	16.34	63.10
吉林	22.73	10.92	18.36	7.87	4.05	5.76	20.01	15.58	64.96
黑龙江	17.50	10.73	16.14	7.28	3.02	3.59	11.23	15.16	63.16
上海	21.80	12.96	27.30	9.91	3.00	2.00	24.90	23.86	78.08
江苏	14.83	11.99	22.05	8.54	3.21	5.09	19.51	18.65	76.49
浙江	24.44	15.19	28.82	10.16	3.14	2.61	18.80	20.07	80.71
安徽	23.59	13.09	23.08	9.02	3.32	2.22	16.64	17.32	70.56
福建	28.07	14.91	26.30	10.23	3.20	2.32	23.13	23.16	84.83
江西	28.02	11.84	23.24	11.44	3.35	2.64	25.31	22.25	82.82
山东	18.74	11.91	22.01	7.37	3.09	6.21	10.01	16.00	67.85
河南	19.24	11.09	19.59	7.96	3.10	3.90	12.55	14.92	63.81
湖北	22.78	11.28	22.07	9.31	3.52	4.26	17.46	16.72	72.69
湖南	27.67	12.71	23.31	10.54	3.52	3.17	26.20	24.12	81.47
广东	27.51	12.27	23.31	11.81	3.01	2.43	24.86	31.62	81.90
广西	20.94	11.35	21.12	12.83	4.50	1.99	25.69	29.23	77.96
海南	20.09	12.50	25.01	13.34	3.75	3.13	29.93	31.42	98.62
重庆	18.96	14.59	24.92	10.49	3.48	3.21	24.94	20.10	71.67
四川	22.65	15.59	26.68	12.73	4.12	4.49	30.60	27.78	69.45
贵州	20.67	18.11	29.24	13.03	4.04	3.95	27.24	26.55	72.30
云南	21.60	13.27	24.97	10.58	4.05	4.43	20.79	23.25	68.13
陕西	29.25	11.69	21.19	9.01	3.66	5.88	18.52	18.79	63.86
甘肃	31.50	13.68	25.26	10.21	3.87	3.82	20.49	23.29	64.15
青海	36.91	16.28	25.38	10.63	3.24	3.48	24.29	27.45	62.34
宁夏	26.26	11.59	22.17	9.08	3.30	3.24	19.48	19.09	61.59
新疆	19.77	10.98	21.39	10.60	3.54	3.77	18.98	20.90	63.06

5－2 续表

单位：元/千克、元/只

地　区	生鲜乳	羊肉	玉米	豆粕	小麦麸	进口鱼粉	育肥猪配合饲料	肉鸡配合饲料	蛋鸡配合饲料
全国均价	**3.82**	**70.79**	**2.05**	**3.26**	**1.82**	**12.19**	**3.03**	**3.12**	**2.86**
北　京	3.62	67.10	1.96	3.27	1.68	14.50	3.09	2.97	2.81
天　津	3.79	73.40	1.94	2.96	1.57	8.56	2.62	3.25	2.51
河　北	3.64	69.56	1.90	3.08	1.54	11.02	2.65	3.09	2.46
山　西	3.70	68.35	1.89	3.07	1.63	11.19	2.92	3.15	2.50
内蒙古	3.57	63.26	1.85	3.21	1.81	9.51	3.24	3.29	3.11
辽　宁	3.69	69.16	1.81	2.95	1.80	11.41	2.82	2.95	2.52
吉　林	3.89	67.72	1.72	3.21	1.77	12.34	2.97	2.82	2.58
黑龙江	3.46	69.21	1.65	3.40	1.83	11.56	2.81	2.85	2.71
上　海	4.49	81.33	2.07	2.92	1.63	11.30	2.81	2.99	2.67
江　苏	3.58	73.25	2.04	2.98	1.61	13.70	2.63	2.88	2.46
浙　江	5.49	73.39	2.15	3.19	1.78	12.37	2.84	2.94	2.88
安　徽	3.88	70.46	2.03	3.18	1.65	11.12	2.71	2.92	2.62
福　建	4.16	80.12	2.13	3.00	1.84	13.52	2.78	2.98	2.86
江　西	3.30	70.59	2.19	3.30	2.04	13.26	2.88	2.97	2.99
山　东	3.59	74.89	1.92	3.04	1.57	12.04	2.78	2.83	2.53
河　南	3.59	69.99	1.97	3.13	1.61	12.42	2.88	3.02	2.64
湖　北	3.99	66.99	2.15	3.28	1.79	12.65	2.95	2.91	2.74
湖　南		71.15	2.15	3.42	1.92	10.99	3.13	3.29	3.16
广　东	5.97	73.87	2.20	3.13	1.91	12.67	3.02	3.07	2.98
广　西	5.20	76.37	2.37	3.47	2.14	12.76	3.27	3.33	3.22
海　南		97.95	2.26	3.53	2.04		3.06	3.23	3.08
重　庆	4.84	72.00	2.16	3.27	2.03	11.42	3.15	3.12	3.11
四　川	4.16	73.22	2.25	3.47	1.96	11.69	3.42	3.43	3.33
贵　州	3.97	72.37	2.31	3.68	2.25	12.43	3.55	3.57	3.39
云　南	3.46	76.04	2.26	3.59	2.10	12.15	3.73	3.58	3.42
陕　西	3.62	70.88	1.96	3.24	1.72	13.84	3.12	3.09	2.73
甘　肃	3.60	62.89	2.06	3.47	1.82	12.75	3.13	3.09	2.95
青　海	4.10	64.29	2.17	3.00	1.92		3.36	3.36	3.12
宁　夏	3.81	60.58	1.93	3.49	1.74	12.30	3.49	3.31	3.00
新　疆	3.79	60.99	1.90	3.89	1.79	14.82	3.00	3.22	2.93

5－3　各地区 2019 年 3 月畜产品及饲料集市价格

单位：元/千克、元/只

地　区	仔猪	活猪	猪肉	鸡蛋	商品代蛋雏鸡	商品代肉雏鸡	活鸡	白条鸡	牛肉
全国均价	**30.35**	**14.35**	**23.61**	**8.99**	**3.50**	**4.83**	**19.53**	**20.05**	**68.70**
北　京		12.83	21.78	7.73	3.45			15.80	61.00
天　津	23.25	14.13	24.03	7.29	3.13	7.36	9.33	16.02	65.55
河　北	25.02	13.78	21.90	6.60	3.16	7.78	9.69	15.76	59.09
山　西	36.78	13.54	22.32	7.02	3.13	5.86	15.48	18.51	61.69
内蒙古	34.90	13.84	22.34	8.13	4.26	4.64	16.96	17.92	62.56
辽　宁	40.37	13.43	20.46	6.90	3.27	8.10	26.85	16.87	62.33
吉　林	32.32	12.91	20.24	7.34	4.15	7.28	19.95	15.66	64.05
黑龙江	23.65	12.85	19.09	6.47	3.04	3.87	10.85	14.84	62.35
上　海	29.25	15.08	28.59	9.45				23.40	78.92
江　苏	20.67	14.74	23.80	7.90	3.06	6.47	19.76	18.17	75.75
浙　江	27.46	16.98	28.44	9.61	3.10	2.94	18.43	19.77	80.17
安　徽	36.73	15.85	25.47	8.23	3.23	2.66	16.03	16.67	67.92
福　建	34.80	16.17	25.76	9.39	3.23	2.41	21.81	22.54	81.84
江　西	40.30	14.78	24.25	10.81	3.43	2.74	25.39	21.97	80.90
山　东	27.04	14.95	24.71	6.73	3.13	7.67	10.55	16.25	66.48
河　南	27.80	14.44	22.44	6.80	3.31	5.09	12.31	14.88	62.71
湖　北	32.59	13.88	23.58	8.80	3.60	4.78	17.11	16.46	70.02
湖　南	35.67	14.31	23.97	10.00	4.23	3.13	25.31	23.67	78.61
广　东	33.23	14.07	23.32	11.17	2.95	2.38	24.01	30.49	80.97
广　西	25.04	12.07	20.54	12.50	4.06	1.92	24.68	28.36	76.36
海　南	22.72	13.50	25.05	12.72	3.88	3.01	28.41	30.46	95.17
重　庆	22.98	14.71	24.24	9.31	3.32	3.11	23.32	19.14	70.41
四　川	25.87	15.98	26.02	11.95	4.15	4.52	29.01	26.46	68.75
贵　州	21.72	17.07	27.88	12.34	4.14	4.13	26.17	25.97	71.33
云　南	22.54	13.21	24.19	10.24	4.06	4.46	20.21	22.82	67.55
陕　西	43.41	13.86	22.45	7.67	3.59	6.57	17.84	18.28	63.03
甘　肃	34.98	13.73	25.05	9.46	3.89	3.86	19.94	22.86	63.11
青　海	40.11	16.37	25.48	9.65	3.25	3.55	24.05	27.07	61.82
宁　夏	32.11	13.36	23.41	8.14	3.30	3.36	19.15	18.99	60.78
新　疆	23.99	12.28	22.08	10.00	3.56	3.82	19.30	20.72	63.02

5-3 续表

单位：元/千克、元/只

地 区	生鲜乳	羊肉	玉米	豆粕	小麦麸	进口鱼粉	育肥猪配合饲料	肉鸡配合饲料	蛋鸡配合饲料
全国均价	**3.82**	**69.07**	**2.02**	**3.12**	**1.76**	**12.04**	**3.00**	**3.10**	**2.83**
北 京	3.59	66.20	1.90	2.96	1.60		3.26	2.95	2.78
天 津	3.70	72.55	1.91	2.78	1.52	8.56	2.58	3.20	2.47
河 北	3.61	67.68	1.87	2.91	1.49	10.95	2.61	3.08	2.43
山 西	3.68	65.37	1.85	2.84	1.55	10.88	2.87	3.16	2.44
内蒙古	3.45	62.90	1.81	3.08	1.78	9.37	3.21	3.24	3.06
辽 宁	3.65	68.89	1.77	2.78	1.73	10.80	2.78	2.89	2.45
吉 林	3.83	67.36	1.67	3.15	1.76	12.26	3.05	2.86	2.62
黑龙江	3.44	67.79	1.64	3.31	1.82	11.31	2.79	2.85	2.69
上 海	4.36	81.08	2.02	2.70	1.52	11.16	2.78	2.93	2.64
江 苏	3.61	73.01	2.01	2.82	1.54	13.71	2.59	2.81	2.40
浙 江	5.51	73.19	2.14	3.11	1.73	12.20	2.83	2.91	2.85
安 徽	3.83	66.86	2.00	3.04	1.58	11.11	2.66	2.87	2.57
福 建	4.18	76.25	2.08	2.78	1.69	13.35	2.72	2.94	2.83
江 西	3.30	68.07	2.19	3.19	2.00	13.20	2.86	2.96	2.97
山 东	3.61	73.75	1.88	2.84	1.49	11.78	2.70	2.78	2.46
河 南	3.57	67.67	1.95	2.89	1.52	12.17	2.83	2.97	2.60
湖 北	4.01	63.79	2.12	3.16	1.78	12.59	2.94	2.91	2.73
湖 南		68.35	2.12	3.29	1.85	10.74	3.09	3.27	3.13
广 东	6.55	71.94	2.16	2.96	1.81	12.55	3.00	3.03	2.94
广 西	5.18	74.89	2.34	3.40	2.10	12.68	3.26	3.33	3.20
海 南		94.68	2.20	3.48	2.01		3.01	3.20	3.08
重 庆	4.83	69.80	2.15	3.08	1.93	11.26	3.07	3.12	3.07
四 川	4.19	71.87	2.22	3.35	1.90	11.79	3.38	3.39	3.30
贵 州	3.98	70.33	2.26	3.62	2.22	12.47	3.50	3.53	3.39
云 南	3.48	75.72	2.26	3.51	2.07	12.30	3.77	3.60	3.44
陕 西	3.51	67.68	1.95	3.08	1.65	13.64	3.07	3.04	2.70
甘 肃	3.76	62.01	2.03	3.33	1.73	12.54	3.12	3.05	2.92
青 海	4.13	63.74	2.16	2.91	1.94		3.36	3.38	3.13
宁 夏	3.74	58.68	1.88	3.32	1.70	11.82	3.47	3.28	2.97
新 疆	3.81	60.88	1.90	3.83	1.79	14.76	3.00	3.25	2.94

5-4　各地区2019年4月畜产品及饲料集市价格

单位：元/千克、元/只

地　区	仔猪	活猪	猪肉	鸡蛋	商品代蛋雏鸡	商品代肉雏鸡	活鸡	白条鸡	牛肉
全国均价	**36.45**	**15.02**	**24.58**	**9.16**	**3.60**	**5.13**	**19.51**	**20.08**	**68.36**
北　京		13.94	23.38	8.24	3.45			15.56	61.25
天　津	25.50	15.26	25.70	8.08	3.09	7.76	10.33	16.46	65.80
河　北	35.06	15.21	24.20	7.50	3.31	8.53	10.41	16.25	58.43
山　西	46.38	14.49	23.71	7.57	3.31	5.95	15.68	18.61	61.41
内蒙古	37.81	14.53	23.17	8.35	4.28	4.65	16.69	17.62	61.31
辽　宁	54.86	14.81	23.08	7.57	3.50	8.58	26.74	17.13	61.88
吉　林	42.81	14.80	22.29	7.54	4.81	8.91	20.04	15.83	63.90
黑龙江	33.07	14.95	22.41	7.07	3.16	4.17	11.20	15.14	62.59
上　海	32.20	15.50	28.73	9.71				24.27	80.75
江　苏	27.01	15.74	25.27	8.11	3.16	7.13	19.17	17.62	77.52
浙　江	29.69	17.01	29.21	9.52	3.12	3.12	18.44	20.11	80.10
安　徽	42.05	16.26	26.03	8.41	3.24	2.79	16.42	16.98	66.93
福　建	37.53	16.65	26.15	9.46	3.28	2.50	21.64	22.58	81.94
江　西	49.37	15.33	24.87	10.85	3.57	3.14	25.43	21.99	81.39
山　东	36.14	15.88	26.60	7.48	3.28	8.18	11.13	16.66	65.99
河　南	33.41	14.77	23.73	7.26	3.39	5.45	12.46	15.04	62.10
湖　北	37.81	14.43	23.83	8.96	3.75	5.18	17.23	16.54	69.36
湖　南	40.09	14.74	24.50	9.85	4.14	3.12	25.10	23.46	77.20
广　东	36.82	14.40	23.81	10.73	3.05	2.46	23.82	30.35	80.22
广　西	27.66	12.12	20.71	12.49	4.16	2.06	24.85	28.28	75.96
海　南	21.99	13.17	23.95	12.32	3.75	3.09	28.76	30.45	95.27
重　庆	25.60	15.44	24.76	9.10	3.46	3.27	23.37	18.86	70.77
四　川	30.45	16.48	26.21	11.80	4.15	4.64	28.34	26.21	68.75
贵　州	23.42	16.53	27.24	11.88	4.11	4.24	25.15	25.40	70.34
云　南	24.76	13.30	24.39	10.17	4.10	4.42	19.77	22.85	67.84
陕　西	53.68	14.52	23.38	8.23	3.70	6.80	17.82	18.37	62.89
甘　肃	38.96	14.28	25.26	9.16	3.98	3.96	19.79	22.64	62.27
青　海	43.08	16.73	25.26	9.61	3.31	3.69	24.04	27.13	61.46
宁　夏	37.51	14.36	24.19	8.18	3.47	3.67	19.32	18.58	60.19
新　疆	28.04	13.55	24.03	9.55	3.65	4.03	19.28	20.56	62.81

5-4 续表

单位：元/千克、元/只

地 区	生鲜乳	羊肉	玉米	豆粕	小麦麸	进口鱼粉	育肥猪配合饲料	肉鸡配合饲料	蛋鸡配合饲料
全国均价	**3.77**	**68.23**	**2.01**	**3.05**	**1.71**	**11.97**	**2.97**	**3.08**	**2.82**
北 京	3.56	66.10	1.87	2.84	1.50		3.10	2.92	2.77
天 津	3.59	72.50	1.87	2.76	1.48	8.56	2.58	3.14	2.50
河 北	3.54	66.91	1.83	2.86	1.44	10.98	2.57	3.08	2.39
山 西	3.64	64.52	1.82	2.76	1.51	10.67	2.83	3.17	2.41
内 蒙 古	3.43	62.23	1.80	2.99	1.72	9.14	3.15	3.20	3.01
辽 宁	3.66	68.60	1.76	2.73	1.67	10.71	2.77	2.93	2.46
吉 林	3.80	67.08	1.67	3.09	1.76	12.25	3.08	2.87	2.64
黑 龙 江	3.42	67.12	1.64	3.24	1.80	11.34	2.79	2.89	2.67
上 海	4.18	80.67	2.01	2.65	1.42	11.28	2.77	2.88	2.65
江 苏	3.66	71.10	2.04	2.77	1.47	13.45	2.54	2.79	2.42
浙 江	5.53	72.64	2.10	2.94	1.67	12.20	2.82	2.88	2.83
安 徽	3.78	65.41	1.99	2.98	1.52	11.19	2.64	2.83	2.55
福 建	4.02	74.76	2.06	2.77	1.63	12.92	2.70	2.92	2.81
江 西	3.30	67.02	2.18	3.14	1.98	13.20	2.85	2.94	2.96
山 东	3.58	73.40	1.88	2.78	1.41	11.62	2.69	2.76	2.43
河 南	3.52	66.23	1.94	2.85	1.46	12.03	2.81	2.95	2.60
湖 北	3.93	61.99	2.13	3.06	1.72	12.46	2.93	2.91	2.72
湖 南		67.13	2.12	3.21	1.78	10.68	3.07	3.24	3.11
广 东	6.53	70.79	2.13	2.93	1.74	12.53	3.00	3.02	2.93
广 西	5.12	74.57	2.32	3.37	2.06	12.72	3.25	3.33	3.18
海 南		95.49	2.13	3.43	1.97		2.95	3.18	3.06
重 庆	4.82	68.41	2.14	2.99	1.82	11.07	3.01	3.08	3.05
四 川	4.20	70.62	2.21	3.26	1.85	11.78	3.33	3.36	3.28
贵 州	3.95	69.61	2.24	3.53	2.18	12.39	3.47	3.46	3.35
云 南	3.42	75.47	2.27	3.43	2.03	12.57	3.76	3.60	3.43
陕 西	3.40	67.17	1.94	3.03	1.59	13.25	3.08	3.02	2.70
甘 肃	3.55	61.39	2.00	3.27	1.72	12.20	3.04	3.05	2.92
青 海	4.16	62.53	2.12	2.77	1.94		3.34	3.37	3.12
宁 夏	3.57	57.50	1.88	3.24	1.65	11.71	3.38	3.23	2.93
新 疆	3.78	60.90	1.89	3.75	1.78	14.69	2.98	3.21	2.90

5-5 各地区2019年5月畜产品及饲料集市价格

单位：元/千克、元/只

地　区	仔猪	活猪	猪肉	鸡蛋	商品代蛋雏鸡	商品代肉雏鸡	活鸡	白条鸡	牛肉
全国均价	**38.11**	**14.98**	**24.71**	**9.95**	**3.68**	**5.38**	**19.89**	**20.49**	**68.64**
北　京		15.15	23.52	9.20	3.45			16.20	61.65
天　津	31.83	15.96	26.36	8.97	3.32	8.02	10.64	16.61	64.56
河　北	39.27	15.26	24.48	8.62	3.38	8.72	11.06	16.57	58.40
山　西	47.48	14.57	23.57	8.79	3.48	6.03	15.95	19.35	60.88
内蒙古	40.18	15.01	24.11	9.06	4.40	4.68	16.44	17.89	61.47
辽　宁	53.45	14.84	23.41	8.70	3.64	9.41	26.72	17.63	62.39
吉　林	44.19	14.73	22.67	8.47	4.42	9.16	20.25	15.99	63.60
黑龙江	37.52	14.32	22.57	8.48	3.22	4.87	11.68	15.45	62.57
上　海	32.70	15.75	29.30	10.10				23.97	81.60
江　苏	28.02	15.31	25.24	8.91	3.35	7.68	19.30	17.61	77.19
浙　江	31.72	16.75	28.93	9.79	3.26	3.35	19.24	20.12	79.93
安　徽	42.16	15.71	25.53	9.21	3.48	3.00	17.05	17.27	66.34
福　建	36.88	16.40	25.90	10.18	3.37	2.61	22.02	22.73	82.24
江　西	51.06	15.29	24.95	11.25	3.60	3.49	25.66	22.05	81.85
山　东	37.25	15.62	26.47	8.51	3.44	8.38	11.44	17.22	66.02
河　南	35.39	14.69	23.79	8.52	3.44	5.77	12.82	15.31	61.84
湖　北	38.97	14.35	24.10	9.54	3.78	5.58	17.49	16.78	68.87
湖　南	42.56	14.73	24.59	10.27	4.13	3.22	25.34	23.75	76.81
广　东	35.07	14.49	23.29	11.39	3.13	2.76	24.34	31.00	82.67
广　西	26.50	11.19	19.47	13.07	4.34	2.62	26.54	30.27	78.12
海　南	17.76	12.51	25.77	13.98	3.90	3.29	32.47	35.58	110.43
重　庆	26.57	15.56	24.42	9.81	3.57	3.39	23.75	19.28	70.66
四　川	31.27	16.01	25.79	12.12	4.21	4.65	28.37	26.30	68.62
贵　州	24.98	16.38	27.18	12.00	4.10	4.33	24.94	25.10	70.41
云　南	25.52	13.14	24.11	10.55	4.13	4.45	19.85	22.83	68.01
陕　西	57.95	15.15	24.09	9.55	3.83	6.71	18.37	18.68	62.73
甘　肃	45.52	15.94	27.50	9.90	4.10	4.19	19.79	22.72	62.06
青　海	46.42	16.68	25.49	10.34	3.37	3.98	24.39	27.01	62.13
宁　夏	40.10	15.27	25.00	9.30	3.58	3.88	19.22	18.60	59.96
新　疆	28.31	13.80	25.74	10.34	3.68	4.07	19.81	21.24	63.71

5-5 续表

单位：元/千克、元/只

地区	生鲜乳	羊肉	玉米	豆粕	小麦麸	进口鱼粉	育肥猪配合饲料	肉鸡配合饲料	蛋鸡配合饲料
全国均价	**3.75**	**68.33**	**2.03**	**3.08**	**1.70**	**12.02**	**2.98**	**3.09**	**2.82**
北京	3.54	65.54	1.94	2.92	1.49		3.12	2.92	2.79
天津	3.55	72.32	1.89	2.88	1.48	8.56	2.58	3.11	2.52
河北	3.53	66.61	1.85	2.88	1.43	11.06	2.57	3.08	2.39
山西	3.58	64.32	1.85	2.85	1.51	10.67	2.86	3.18	2.43
内蒙古	3.40	62.05	1.82	2.97	1.70	9.13	3.13	3.19	2.99
辽宁	3.67	68.84	1.85	2.82	1.69	10.85	2.78	2.94	2.49
吉林	3.73	67.36	1.71	3.10	1.77	12.24	3.10	2.82	2.61
黑龙江	3.41	67.03	1.66	3.23	1.80	11.51	2.80	2.91	2.68
上海	4.16	80.80	2.08	2.73	1.46	11.49	2.77	2.86	2.63
江苏	3.65	70.92	2.10	2.89	1.45	13.45	2.57	2.81	2.46
浙江	5.52	72.78	2.12	2.94	1.70	12.23	2.86	2.89	2.84
安徽	3.76	65.45	2.01	3.07	1.53	11.30	2.69	2.85	2.56
福建	3.98	74.50	2.11	2.82	1.63	12.88	2.73	2.95	2.84
江西	3.30	65.76	2.21	3.13	1.98	13.31	2.87	2.96	2.96
山东	3.56	73.99	1.90	2.85	1.39	11.67	2.70	2.79	2.44
河南	3.56	65.56	1.97	2.90	1.45	12.00	2.82	2.96	2.61
湖北	3.88	61.82	2.14	3.07	1.72	12.59	2.94	2.93	2.74
湖南		65.70	2.14	3.22	1.80	10.79	3.08	3.24	3.12
广东	6.56	71.52	2.15	2.96	1.70	12.64	2.99	3.01	2.93
广西	5.13	75.26	2.29	3.35	2.03	12.57	3.22	3.29	3.15
海南		105.97	2.22	3.30	1.91		2.90	3.15	3.09
重庆	4.72	68.42	2.16	3.01	1.78	11.05	3.02	3.06	3.04
四川	4.20	70.25	2.24	3.28	1.84	11.80	3.34	3.39	3.28
贵州	3.95	70.33	2.24	3.52	2.19	12.76	3.48	3.46	3.34
云南	3.36	75.98	2.27	3.40	2.01	12.61	3.77	3.62	3.44
陕西	3.37	67.13	1.95	3.06	1.55	13.00	3.09	3.05	2.69
甘肃	3.49	61.35	2.00	3.26	1.72	12.28	3.01	3.02	2.91
青海	4.13	63.66	2.14	2.78	1.94		3.34	3.37	3.11
宁夏	3.48	57.61	1.93	3.24	1.68	11.73	3.29	3.24	2.98
新疆	3.73	61.99	1.89	3.75	1.79	14.67	2.92	3.16	2.82

5-6 各地区2019年6月畜产品及饲料集市价格

单位：元/千克、元/只

地区	仔猪	活猪	猪肉	鸡蛋	商品代蛋雏鸡	商品代肉雏鸡	活鸡	白条鸡	牛肉
全国均价	**39.77**	**15.94**	**25.62**	**9.99**	**3.69**	**4.19**	**20.03**	**20.71**	**69.14**
北京		16.02	24.96	8.85	3.45			15.92	60.50
天津	36.75	17.77	29.15	8.47	3.31	3.66	9.30	16.34	64.50
河北	44.23	17.16	26.11	8.23	3.33	5.00	10.73	16.42	58.51
山西	52.10	16.16	25.00	8.53	3.45	3.73	15.80	19.04	60.13
内蒙古	41.47	15.66	25.04	9.31	4.44	4.67	16.53	18.09	61.83
辽宁	58.84	17.55	26.39	8.43	3.61	4.72	26.11	17.01	62.42
吉林	46.51	16.94	24.88	8.59	4.15	5.07	19.80	15.57	63.28
黑龙江	40.01	16.26	24.68	8.31	3.27	4.40	11.69	15.49	62.96
上海	39.75	17.03	29.75	10.03	3.35	2.48	23.91	24.28	82.75
江苏	29.56	16.19	26.00	8.71	3.33	5.01	18.86	17.51	77.29
浙江	34.06	17.67	29.60	10.00	3.37	3.01	19.11	20.08	80.19
安徽	43.96	16.35	26.35	8.86	3.42	2.56	17.33	17.59	67.10
福建	39.46	18.62	27.32	10.24	3.45	2.82	22.50	22.94	83.00
江西	50.88	16.11	25.35	11.47	3.60	3.33	26.35	22.15	82.21
山东	40.23	17.30	28.01	8.04	3.41	4.31	10.41	16.88	66.82
河南	38.38	16.35	25.02	8.31	3.37	4.40	12.71	15.20	62.06
湖北	40.84	15.20	25.01	9.28	3.77	4.82	17.34	16.62	68.67
湖南	44.09	15.14	25.29	10.40	4.18	3.36	25.76	23.95	76.97
广东	33.45	16.73	25.01	12.06	3.40	3.49	25.64	34.20	86.14
广西	23.15	11.05	19.07	13.85	5.25	3.85	28.72	33.57	82.69
海南	17.62	13.71	27.66	14.13	3.63	3.69	32.86	34.89	112.10
重庆	26.18	14.76	23.45	10.34	3.66	3.52	24.35	20.07	71.71
四川	29.11	14.97	25.08	12.21	4.23	4.82	28.68	26.48	68.36
贵州	26.05	16.41	26.95	12.29	4.10	4.40	24.92	25.03	70.68
云南	25.54	13.14	24.08	10.75	4.09	4.50	19.86	22.87	68.16
陕西	59.01	16.18	25.19	9.41	3.89	5.15	18.67	18.70	62.84
甘肃	51.71	16.89	28.86	10.34	4.07	4.27	19.41	21.97	61.73
青海	48.83	17.10	26.45	10.59	3.50	4.37	24.87	27.76	62.59
宁夏	40.56	16.13	26.06	9.60	3.62	4.05	19.13	18.70	60.19
新疆	28.01	14.31	26.17	10.88	3.74	4.12	19.99	21.27	63.70

5-6 续表

单位：元/千克、元/只

地区	生鲜乳	羊肉	玉米	豆粕	小麦麸	进口鱼粉	育肥猪配合饲料	肉鸡配合饲料	蛋鸡配合饲料
全国均价	**3.77**	**68.50**	**2.09**	**3.23**	**1.70**	**12.10**	**3.02**	**3.12**	**2.85**
北京	3.54	64.05	1.98	3.16	1.50		3.13	2.94	2.79
天津	3.56	72.20	2.07	3.13	1.53	8.54	2.70	3.25	2.61
河北	3.51	66.26	1.94	3.09	1.42	11.04	2.61	3.13	2.46
山西	3.55	63.95	1.91	3.09	1.53	10.99	2.92	3.19	2.48
内蒙古	3.39	62.15	1.87	3.10	1.71	9.15	3.14	3.21	2.99
辽宁	3.66	68.49	1.94	3.06	1.71	10.93	2.83	2.99	2.54
吉林	3.70	67.97	1.79	3.23	1.80	12.29	3.09	2.82	2.61
黑龙江	3.40	67.26	1.74	3.34	1.80	11.32	2.85	2.93	2.73
上海	4.30	82.21	2.17	2.91	1.49	11.53	2.82	2.92	2.70
江苏	3.65	71.64	2.17	3.09	1.41	13.43	2.62	2.87	2.53
浙江	5.51	74.29	2.17	3.11	1.71	12.33	2.91	2.93	2.90
安徽	3.73	65.71	2.06	3.29	1.54	11.26	2.75	2.91	2.62
福建	4.02	75.31	2.16	3.02	1.65	13.03	2.79	3.00	2.87
江西	3.30	64.94	2.24	3.24	2.00	13.42	2.91	3.00	2.98
山东	3.58	74.33	2.00	3.07	1.39	12.06	2.74	2.86	2.49
河南	3.66	65.50	2.02	3.09	1.44	12.08	2.86	3.01	2.65
湖北	3.83	61.72	2.20	3.22	1.71	12.68	2.98	2.95	2.78
湖南		64.52	2.18	3.33	1.81	10.90	3.11	3.26	3.13
广东	6.48	72.14	2.21	3.13	1.69	12.90	3.02	3.09	2.98
广西	5.17	77.62	2.29	3.41	2.01	12.49	3.17	3.31	3.16
海南		101.45	2.28	3.44	1.92		2.97	3.19	3.12
重庆	4.71	69.44	2.23	3.21	1.79	11.19	3.06	3.08	3.06
四川	4.21	69.86	2.28	3.41	1.85	11.82	3.39	3.39	3.30
贵州	3.95	71.29	2.25	3.57	2.19	12.78	3.49	3.46	3.33
云南	3.36	76.15	2.30	3.49	2.01	12.58	3.79	3.63	3.47
陕西	3.45	67.68	2.03	3.27	1.54	13.36	3.15	3.10	2.72
甘肃	3.51	61.38	2.03	3.38	1.71	12.20	3.08	3.06	2.94
青海	4.12	65.02	2.16	2.82	1.93		3.35	3.35	3.11
宁夏	3.56	58.19	1.98	3.41	1.73	11.88	3.28	3.28	2.98
新疆	3.76	62.70	1.94	3.79	1.79	14.63	2.93	3.19	2.86

5－7 各地区2019年7月畜产品及饲料集市价格

单位：元/千克、元/只

地 区	仔猪	活猪	猪肉	鸡蛋	商品代蛋雏鸡	商品代肉雏鸡	活鸡	白条鸡	牛肉
全国均价	**42.61**	**17.68**	**28.04**	**10.38**	**3.72**	**4.02**	**20.32**	**20.98**	**70.00**
北 京		18.31	26.89	9.37	3.45			15.74	60.95
天 津	47.90	19.30	32.59	9.30	3.62	4.35	8.85	15.97	64.52
河 北	51.31	18.98	29.14	8.84	3.30	4.43	11.11	16.48	59.10
山 西	58.49	18.23	28.39	8.96	3.40	3.91	16.12	18.98	60.90
内 蒙 古	43.95	17.38	26.75	9.41	4.50	4.63	16.51	18.28	61.96
辽 宁	66.07	19.23	30.73	8.72	3.62	4.44	25.82	16.68	63.59
吉 林	53.25	19.23	28.44	8.63	3.66	3.92	19.55	15.63	63.47
黑 龙 江	44.59	18.72	28.95	8.32	3.28	3.45	11.61	15.55	63.57
上 海	44.32	18.90	31.82	10.37	3.72	2.54	25.57	25.98	83.13
江 苏	32.45	17.74	28.61	9.42	3.40	4.61	19.02	17.40	77.25
浙 江	35.47	19.79	31.32	10.11	3.34	2.88	19.37	19.90	80.44
安 徽	46.77	17.70	27.44	9.48	3.54	2.72	17.57	18.00	67.74
福 建	41.83	20.98	29.87	10.74	3.58	2.90	22.86	22.70	83.98
江 西	51.91	18.47	27.41	11.73	3.34	3.36	26.97	22.50	83.68
山 东	44.43	18.95	31.09	8.96	3.50	4.26	10.38	16.77	67.76
河 南	42.41	17.85	27.09	9.10	3.49	3.80	13.11	15.26	62.87
湖 北	40.04	15.88	25.87	9.80	3.68	4.03	18.02	17.21	69.52
湖 南	42.88	16.43	26.93	10.67	4.10	3.37	26.27	24.22	78.67
广 东	36.13	20.21	28.46	12.65	3.74	3.91	26.41	36.32	87.70
广 西	26.20	17.84	29.45	14.54	5.78	3.93	29.78	35.39	85.61
海 南	17.23	16.78	28.62	14.01	3.70	3.63	30.67	32.66	108.96
重 庆	26.90	16.14	25.66	10.46	3.65	3.72	24.99	20.77	73.24
四 川	24.92	14.82	25.26	12.64	4.45	5.11	29.72	27.88	69.43
贵 州	26.05	16.33	26.85	12.43	4.08	4.35	25.26	25.23	72.36
云 南	25.56	13.83	24.43	10.92	4.07	4.55	20.11	22.82	68.80
陕 西	66.30	18.22	27.97	9.85	3.95	4.78	18.68	18.94	63.38
甘 肃	51.39	17.32	29.28	10.45	4.00	4.19	19.53	22.14	61.60
青 海	53.38	18.15	29.27	10.66	3.34	3.55	24.42	27.80	62.73
宁 夏	43.14	17.19	28.67	9.69	3.71	4.18	19.16	18.69	60.43
新 疆	32.68	16.64	28.04	10.78	3.75	4.22	19.46	21.15	63.71

5-7 续表

单位：元/千克、元/只

地 区	生鲜乳	羊肉	玉米	豆粕	小麦麸	进口鱼粉	育肥猪配合饲料	肉鸡配合饲料	蛋鸡配合饲料
全国均价	**3.80**	**69.20**	**2.11**	**3.20**	**1.70**	**12.10**	**3.02**	**3.12**	**2.85**
北 京	3.62	66.44	2.01	3.22	1.41		3.12	2.95	2.78
天 津	3.57	72.92	2.09	2.98	1.49	8.52	2.64	3.14	2.57
河 北	3.55	67.17	1.99	3.05	1.42	11.03	2.65	3.19	2.48
山 西	3.55	64.81	1.99	3.05	1.53	10.67	2.92	3.15	2.47
内蒙古	3.42	62.81	1.87	3.07	1.70	9.26	3.15	3.20	2.99
辽 宁	3.67	68.07	1.95	3.01	1.74	10.92	2.84	2.97	2.51
吉 林	3.67	68.37	1.85	3.17	1.81	12.22	3.10	2.82	2.62
黑龙江	3.41	68.23	1.79	3.34	1.77	11.18	2.91	2.92	2.73
上 海	4.51	82.87	2.13	2.92	1.50	11.45	2.82	2.91	2.69
江 苏	3.65	71.83	2.20	3.06	1.46	13.38	2.64	2.87	2.56
浙 江	5.52	74.84	2.16	3.08	1.70	12.39	2.92	2.95	2.91
安 徽	3.74	66.28	2.07	3.27	1.54	11.32	2.75	2.91	2.63
福 建	4.31	75.75	2.14	2.95	1.69	13.04	2.77	2.98	2.85
江 西	3.30	65.43	2.23	3.21	2.01	13.29	2.89	2.99	2.88
山 东	3.64	75.10	2.05	3.00	1.41	12.07	2.75	2.89	2.50
河 南	3.68	66.29	2.05	3.07	1.43	12.15	2.86	3.01	2.65
湖 北	3.81	62.20	2.20	3.16	1.71	12.62	2.95	2.93	2.77
湖 南		66.00	2.19	3.33	1.80	10.68	3.14	3.27	3.14
广 东	6.43	71.72	2.22	3.10	1.71	13.00	3.07	3.14	3.02
广 西	5.08	79.09	2.27	3.35	1.99	12.37	3.10	3.30	3.12
海 南		100.00	2.24	3.44	1.88		2.99	3.20	3.11
重 庆	4.74	70.16	2.22	3.16	1.77	11.21	3.00	3.11	3.03
四 川	4.22	70.26	2.29	3.39	1.83	12.05	3.38	3.39	3.30
贵 州	3.95	71.74	2.26	3.56	2.17	12.71	3.43	3.43	3.30
云 南	3.41	76.54	2.34	3.46	1.99	12.49	3.81	3.65	3.51
陕 西	3.56	68.81	2.08	3.22	1.55	13.41	3.18	3.13	2.76
甘 肃	3.58	61.57	2.05	3.33	1.69	12.12	3.10	3.07	2.95
青 海	4.12	67.33	2.17	2.81	1.90		3.32	3.35	3.11
宁 夏	3.60	58.67	2.00	3.49	1.70	12.23	3.29	3.30	3.00
新 疆	3.78	62.97	1.94	3.78	1.77	14.60	2.95	3.22	2.91

5-8 各地区 2019 年 8 月畜产品及饲料集市价格

单位：元/千克、元/只

地 区	仔猪	活猪	猪肉	鸡蛋	商品代蛋雏鸡	商品代肉雏鸡	活鸡	白条鸡	牛肉
全国均价	**47.07**	**21.89**	**33.95**	**11.29**	**3.93**	**5.01**	**21.52**	**22.18**	**72.75**
北 京		21.04	29.99	10.37	3.45			16.54	64.63
天 津	50.75	21.87	37.24	10.79	4.04	6.61	10.24	17.12	67.65
河 北	56.48	21.70	32.83	9.97	3.51	6.49	11.92	17.26	60.45
山 西	64.13	21.20	32.73	10.05	3.58	5.10	16.48	19.68	62.43
内蒙古	46.58	19.01	28.88	10.06	4.52	4.60	16.92	18.75	62.88
辽 宁	70.00	21.76	34.05	9.96	3.88	7.07	25.82	17.50	67.07
吉 林	58.17	21.03	31.49	9.62	3.86	6.30	20.21	16.10	66.20
黑龙江	48.20	20.70	31.83	9.47	3.36	3.83	12.05	15.97	65.24
上 海	50.00	22.68	36.99	11.27	4.13	2.83	27.61	28.79	87.25
江 苏	30.21	20.72	32.90	10.80	3.69	6.47	20.42	19.03	79.78
浙 江	41.52	25.70	38.63	11.25	3.56	3.67	21.31	21.15	84.13
安 徽	52.55	22.48	33.57	10.54	3.77	3.61	19.65	19.92	69.60
福 建	46.92	26.90	36.88	11.80	3.72	3.22	23.93	23.83	86.08
江 西	53.63	25.12	37.75	12.20	3.56	3.46	28.42	23.51	89.47
山 东	49.67	22.02	35.42	10.33	3.65	6.47	11.52	17.91	69.13
河 南	49.25	22.29	33.15	10.17	3.78	4.87	13.99	16.27	64.99
湖 北	40.28	20.12	30.31	10.58	3.93	5.12	19.26	18.50	71.93
湖 南	45.28	23.18	37.59	11.59	4.55	3.85	28.74	26.00	84.85
广 东	46.29	26.92	37.21	13.50	4.14	4.45	27.83	38.09	91.17
广 西	37.64	28.46	49.37	15.28	6.16	4.24	31.75	38.02	88.08
海 南	36.26	24.22	37.44	14.73	4.00	3.98	32.66	35.00	114.15
重 庆	30.76	21.51	31.93	11.75	3.99	4.16	26.77	23.16	78.34
四 川	26.31	21.15	34.13	13.50	4.83	5.73	32.31	31.06	74.83
贵 州	27.00	18.61	29.88	13.22	4.18	4.73	26.63	26.81	75.66
云 南	26.42	15.20	25.74	11.30	4.18	4.86	20.78	23.43	70.57
陕 西	73.79	21.48	32.38	10.62	4.09	6.28	19.38	19.91	65.17
甘 肃	55.36	19.32	32.15	11.01	4.13	4.34	20.21	22.91	61.91
青 海	56.70	20.79	33.35	11.12	3.54	3.69	24.71	28.42	63.62
宁 夏	47.39	19.52	31.41	10.35	3.85	4.40	19.25	18.61	61.48
新 疆	35.51	18.99	31.20	11.17	3.79	4.41	19.88	21.26	64.69

5-8 续表

单位：元/千克、元/只

地区	生鲜乳	羊肉	玉米	豆粕	小麦麸	进口鱼粉	育肥猪配合饲料	肉鸡配合饲料	蛋鸡配合饲料
全国均价	**3.86**	**71.17**	**2.12**	**3.21**	**1.70**	**12.00**	**3.03**	**3.14**	**2.87**
北京	3.72	68.94	2.05	3.08	1.46		3.16	2.95	2.79
天津	3.71	75.50	2.11	3.06	1.46	8.52	2.66	3.12	2.58
河北	3.61	68.88	2.02	3.06	1.44	11.08	2.68	3.22	2.49
山西	3.62	66.37	2.05	3.07	1.56	10.67	2.97	3.20	2.52
内蒙古	3.43	64.69	1.89	3.10	1.71	9.62	3.17	3.22	3.01
辽宁	3.72	70.73	1.96	3.06	1.74	10.88	2.85	2.99	2.51
吉林	3.71	71.06	1.87	3.20	1.83	12.24	3.17	2.84	2.64
黑龙江	3.42	70.13	1.80	3.34	1.75	11.42	2.92	2.92	2.75
上海	4.80	85.50	2.16	2.98	1.50	11.39	2.86	2.95	2.72
江苏	3.68	72.25	2.19	3.05	1.46	13.35	2.64	2.88	2.57
浙江	5.57	77.23	2.18	3.09	1.70	12.24	2.93	2.95	2.92
安徽	3.81	68.31	2.07	3.25	1.54	11.38	2.73	2.91	2.64
福建	4.74	76.93	2.16	2.98	1.71	13.01	2.76	2.96	2.83
江西	3.30	68.70	2.22	3.17	1.99	12.34	2.89	3.01	2.93
山东	3.72	75.98	2.08	3.03	1.42	11.98	2.77	2.90	2.52
河南	3.74	68.34	2.08	3.08	1.44	12.14	2.87	3.02	2.66
湖北	3.83	63.84	2.19	3.15	1.72	12.61	2.97	2.94	2.78
湖南		69.03	2.20	3.32	1.79	10.68	3.14	3.28	3.17
广东	6.51	72.71	2.24	3.12	1.74	13.00	3.10	3.17	3.04
广西	5.20	81.60	2.24	3.34	1.98	12.35	3.07	3.29	3.11
海南		107.63	2.27	3.43	1.88		2.94	3.17	3.12
重庆	4.75	72.53	2.22	3.19	1.73	11.20	3.01	3.11	3.05
四川	4.38	72.69	2.28	3.38	1.81	11.80	3.37	3.42	3.33
贵州	3.95	74.16	2.28	3.54	2.16	12.51	3.42	3.45	3.32
云南	3.47	78.19	2.36	3.48	2.01	12.01	3.82	3.64	3.49
陕西	3.75	71.08	2.11	3.23	1.58	13.15	3.20	3.13	2.79
甘肃	3.64	62.71	2.05	3.34	1.68	12.06	3.14	3.09	2.96
青海	4.15	68.76	2.17	2.81	1.89		3.31	3.38	3.14
宁夏	3.77	59.90	2.01	3.44	1.65	12.04	3.31	3.30	2.99
新疆	3.79	63.45	1.94	3.79	1.76	14.68	2.96	3.22	2.91

5-9　各地区2019年9月畜产品及饲料集市价格

单位：元/千克、元/只

地　区	仔猪	活猪	猪肉	鸡蛋	商品代蛋雏鸡	商品代肉雏鸡	活鸡	白条鸡	牛肉
全国均价	**55.87**	**26.83**	**42.00**	**12.37**	**4.26**	**5.96**	**23.15**	**24.03**	**77.41**
北　京		26.08	36.13	11.33	3.46			18.38	67.63
天　津	52.50	25.97	44.17	11.62	4.09	8.06	10.92	18.77	73.50
河　北	62.65	26.14	40.71	11.14	3.85	7.65	13.22	18.85	65.38
山　西	73.93	25.81	40.25	11.30	3.82	6.02	17.37	20.97	65.91
内蒙古	53.37	23.03	35.60	11.31	4.65	4.88	17.85	20.26	66.64
辽　宁	79.58	25.76	41.04	11.35	4.13	8.79	26.69	18.37	74.00
吉　林	65.56	25.55	38.53	11.62	4.52	7.72	21.85	17.35	73.55
黑龙江	52.76	24.14	37.11	11.17	3.57	4.44	12.45	16.38	70.24
上　海	74.90	28.28	45.73	12.26	5.58	4.55	28.89	30.78	94.63
江　苏	37.93	28.10	43.97	11.80	4.02	7.65	24.69	23.12	87.22
浙　江	48.75	30.18	46.36	12.61	3.81	5.64	24.80	23.64	89.43
安　徽	61.18	28.14	42.77	11.46	4.11	4.57	21.42	22.82	74.08
福　建	65.60	30.91	43.69	13.11	4.00	3.81	26.53	25.92	91.16
江　西	62.74	30.18	47.74	13.17	4.46	4.25	29.88	25.10	98.67
山　东	64.04	26.61	44.38	11.24	3.97	7.89	12.79	20.01	72.58
河　南	58.60	27.08	41.32	11.40	3.95	5.73	15.30	17.92	68.07
湖　北	48.29	26.19	40.00	11.53	4.23	6.16	21.08	20.33	79.48
湖　南	54.79	29.57	47.78	12.20	4.94	4.38	30.98	29.15	90.49
广　东	61.95	31.62	44.47	14.36	4.84	5.19	29.74	41.68	94.05
广　西	49.79	31.23	52.59	15.37	7.15	4.86	32.22	38.71	90.06
海　南	58.19	28.55	46.95	14.73	3.75	5.25	32.36	35.68	116.10
重　庆	37.36	28.90	42.49	13.56	4.52	5.28	29.63	23.71	84.47
四　川	35.63	28.89	46.41	14.44	5.34	6.91	35.36	34.49	79.97
贵　州	33.88	24.18	37.45	14.32	4.88	5.73	28.95	30.18	81.39
云　南	30.30	18.75	30.15	11.83	4.57	5.37	22.88	26.06	74.18
陕　西	83.98	25.80	40.58	12.36	4.24	7.72	20.90	21.31	69.27
甘　肃	62.54	23.18	39.15	11.97	4.36	4.71	20.98	24.33	64.10
青　海	61.29	27.44	39.77	12.19	3.62	4.20	25.85	29.32	65.53
宁　夏	53.25	23.19	38.72	11.89	4.18	4.74	20.72	19.48	65.64
新　疆	40.72	22.36	37.07	12.00	3.89	4.62	20.38	22.19	66.42

5-9 续表

单位：元/千克、元/只

地区	生鲜乳	羊肉	玉米	豆粕	小麦麸	进口鱼粉	育肥猪配合饲料	肉鸡配合饲料	蛋鸡配合饲料
全国均价	**3.94**	**74.62**	**2.13**	**3.28**	**1.72**	**11.95**	**3.06**	**3.16**	**2.90**
北　京	3.76	70.06	2.06	3.17	1.50		3.15	2.93	2.79
天　津	3.88	80.60	2.11	3.14	1.45	8.52	2.67	3.13	2.58
河　北	3.71	72.27	2.05	3.16	1.46	11.18	2.74	3.29	2.57
山　西	3.72	70.38	2.08	3.16	1.59	10.67	3.05	3.23	2.60
内蒙古	3.45	70.62	1.91	3.15	1.72	9.64	3.24	3.25	3.03
辽　宁	3.78	75.65	1.99	3.22	1.77	10.73	2.89	3.07	2.54
吉　林	3.93	77.51	1.87	3.28	1.82	12.18	3.16	2.83	2.64
黑龙江	3.45	74.71	1.81	3.41	1.76	11.26	2.95	2.93	2.76
上　海	5.12	91.17	2.17	3.08	1.50	11.25	2.88	2.96	2.76
江　苏	3.82	77.15	2.16	3.12	1.46	13.18	2.64	2.92	2.62
浙　江	5.68	79.66	2.17	3.08	1.70	12.26	2.94	2.95	2.92
安　徽	3.85	70.85	2.09	3.20	1.53	11.45	2.74	2.94	2.68
福　建	4.79	80.27	2.18	3.05	1.74	13.05	2.81	3.00	2.88
江　西	3.30	73.03	2.29	3.25	2.01	12.40	2.93	3.06	3.02
山　东	3.79	79.24	2.08	3.13	1.43	12.17	2.81	2.94	2.54
河　南	3.79	71.35	2.09	3.16	1.46	12.10	2.90	3.04	2.68
湖　北	3.83	68.15	2.19	3.22	1.73	12.56	2.98	2.96	2.80
湖　南		71.98	2.20	3.36	1.82	10.75	3.14	3.30	3.18
广　东	6.56	74.57	2.23	3.18	1.76	12.86	3.10	3.20	3.11
广　西	5.26	82.11	2.27	3.36	1.98	12.29	3.11	3.30	3.11
海　南		108.10	2.32	3.53	1.87		2.91	3.17	3.15
重　庆	4.88	76.29	2.14	3.24	1.74	11.10	3.03	3.14	3.05
四　川	4.42	77.29	2.29	3.45	1.84	11.67	3.40	3.44	3.37
贵　州	3.95	78.97	2.31	3.59	2.20	12.52	3.46	3.49	3.36
云　南	3.51	81.13	2.39	3.54	2.00	11.43	3.85	3.65	3.50
陕　西	3.87	74.12	2.12	3.34	1.60	13.16	3.23	3.13	2.80
甘　肃	3.74	65.40	2.09	3.37	1.66	12.02	3.17	3.09	2.97
青　海	4.18	70.37	2.28	2.97	1.85		3.36	3.40	3.09
宁　夏	3.99	63.10	2.07	3.50	1.69	11.79	3.37	3.28	3.03
新　疆	3.80	65.50	1.94	3.82	1.77	14.70	2.95	3.21	2.91

5-10 各地区2019年10月畜产品及饲料集市价格

单位：元/千克、元/只

地区	仔猪	活猪	猪肉	鸡蛋	商品代蛋雏鸡	商品代肉雏鸡	活鸡	白条鸡	牛肉
全国均价	**68.28**	**33.34**	**50.49**	**12.49**	**4.69**	**6.67**	**24.40**	**25.25**	**80.01**
北京		31.26	44.70	11.40	3.50			20.46	67.16
天津	54.40	33.77	53.58	11.30	4.79	9.81	12.53	20.12	74.60
河北	71.83	33.25	49.10	10.75	4.41	9.21	15.33	20.72	67.62
山西	86.91	32.64	49.34	11.25	4.30	6.85	19.42	22.39	68.84
内蒙古	60.56	28.09	43.24	11.43	4.79	5.10	18.50	21.54	67.84
辽宁	96.96	33.37	50.43	11.15	4.65	10.48	27.74	19.94	75.05
吉林	81.64	32.74	49.38	11.37	5.23	9.51	23.20	18.90	73.68
黑龙江	60.28	32.35	48.17	10.72	3.81	5.22	13.73	18.12	73.06
上海	88.52	34.31	54.16	12.08	4.74	3.36	29.86	32.23	98.93
江苏	51.41	34.31	52.88	11.44	4.41	8.90	25.00	23.67	90.29
浙江	58.29	37.58	54.20	12.93	4.11	5.00	26.11	24.11	94.21
安徽	73.73	34.96	50.55	11.35	4.61	4.77	21.88	23.78	78.13
福建	84.79	38.46	53.50	12.92	4.35	4.21	27.63	27.03	93.88
江西	78.69	36.68	56.25	13.98	5.58	5.22	31.52	26.65	102.75
山东	77.89	34.73	54.47	10.66	4.44	9.43	13.72	21.27	75.26
河南	72.59	34.41	50.75	11.03	4.54	6.60	16.68	19.05	71.08
湖北	64.58	33.04	49.00	11.72	4.61	7.08	23.15	21.99	82.62
湖南	69.90	36.12	55.54	12.51	5.47	5.10	33.03	30.59	93.54
广东	85.93	39.18	54.54	15.06	5.60	4.63	30.24	43.19	97.05
广西	67.43	35.07	56.55	15.43	6.84	4.61	32.30	39.14	92.16
海南	74.35	32.13	50.54	14.84	3.70	5.20	34.33	36.52	115.68
重庆	44.05	34.82	49.38	13.72	4.73	5.54	30.35	24.08	87.88
四川	46.80	34.61	54.39	14.86	5.87	7.30	36.85	35.30	81.78
贵州	41.29	29.48	45.65	15.10	5.00	5.51	30.86	31.87	86.70
云南	36.43	24.25	38.75	12.27	4.93	5.58	23.65	26.93	77.57
陕西	96.17	32.46	48.79	12.12	4.70	9.02	21.54	22.50	71.71
甘肃	73.77	28.63	47.27	12.73	4.79	5.37	22.43	25.34	66.57
青海	66.62	31.70	47.65	13.07	3.77	4.67	26.37	29.80	66.01
宁夏	56.80	28.81	46.71	12.15	4.50	5.42	22.13	20.69	68.09
新疆	50.46	28.53	45.04	13.15	3.91	5.36	21.52	23.01	67.62

5-10　续表

单位：元/千克、元/只

地　区	生鲜乳	羊肉	玉米	豆粕	小麦麸	进口鱼粉	育肥猪配合饲料	肉鸡配合饲料	蛋鸡配合饲料
全国均价	**3.99**	**77.21**	**2.12**	**3.32**	**1.74**	**11.94**	**3.08**	**3.17**	**2.91**
北　京	3.79	69.29	2.04	3.14	1.56		3.11	2.91	2.77
天　津	3.89	83.40	2.10	3.20	1.47	8.52	2.69	3.14	2.57
河　北	3.80	74.24	2.04	3.20	1.47	11.07	2.77	3.32	2.60
山　西	3.83	73.41	2.07	3.23	1.62	10.67	3.10	3.20	2.61
内蒙古	3.50	71.59	1.91	3.18	1.73	9.64	3.25	3.27	3.05
辽　宁	3.84	77.32	1.98	3.26	1.80	10.70	2.92	3.07	2.54
吉　林	4.02	78.35	1.85	3.34	1.82	12.22	3.12	2.84	2.63
黑龙江	3.57	77.11	1.78	3.40	1.77	11.04	2.96	2.93	2.75
上　海	5.13	93.20	2.14	3.13	1.53	11.26	2.89	2.98	2.77
江　苏	3.87	79.23	2.13	3.18	1.50	12.80	2.65	2.94	2.64
浙　江	5.34	81.30	2.16	3.10	1.72	12.22	2.95	2.94	2.91
安　徽	3.86	73.05	2.04	3.23	1.54	11.27	2.75	2.91	2.70
福　建	4.83	83.39	2.16	3.10	1.79	13.13	2.81	2.99	2.88
江　西	3.30	79.79	2.34	3.30	2.02	12.86	2.97	3.09	3.05
山　东	3.81	81.40	2.00	3.17	1.45	12.22	2.81	2.96	2.53
河　南	3.80	73.64	1.99	3.22	1.49	12.08	2.91	3.04	2.68
湖　北	3.85	72.92	2.17	3.27	1.75	12.59	3.00	2.97	2.82
湖　南		75.53	2.20	3.39	1.82	10.83	3.15	3.30	3.18
广　东	6.70	79.31	2.23	3.22	1.79	12.78	3.11	3.21	3.15
广　西	5.24	84.54	2.32	3.40	2.01	12.11	3.16	3.32	3.12
海　南		105.04	2.34	3.55	1.86		2.96	3.18	3.17
重　庆	4.88	80.03	2.18	3.34	1.77	11.00	3.07	3.15	3.06
四　川	4.49	80.55	2.28	3.49	1.89	11.64	3.43	3.47	3.39
贵　州	3.97	84.28	2.36	3.64	2.26	12.41	3.55	3.56	3.43
云　南	3.66	84.47	2.39	3.56	2.02	11.43	3.80	3.61	3.45
陕　西	4.05	76.23	2.08	3.41	1.61	13.42	3.23	3.10	2.79
甘　肃	3.76	67.63	2.12	3.42	1.67	12.01	3.21	3.11	2.99
青　海	4.22	70.47	2.24	2.95	1.86		3.37	3.41	3.14
宁　夏	4.00	64.65	2.09	3.63	1.72	11.89	3.44	3.38	3.11
新　疆	3.87	66.76	1.94	3.74	1.75	14.48	3.04	3.21	2.90

5－11 各地区2019年11月畜产品及饲料集市价格

单位：元/千克、元/只

地区	仔猪	活猪	猪肉	鸡蛋	商品代蛋雏鸡	商品代肉雏鸡	活鸡	白条鸡	牛肉
全国均价	**77.75**	**34.89**	**54.91**	**12.48**	**5.20**	**6.75**	**25.17**	**26.44**	**82.28**
北京		36.95	50.82	11.19	3.50			21.03	68.40
天津	57.25	33.32	56.59	10.68	5.26	9.26	11.14	20.33	76.80
河北	73.05	33.21	52.57	10.60	5.23	9.50	15.57	22.36	70.32
山西	95.29	33.17	53.24	10.94	4.86	6.87	19.84	24.41	70.74
内蒙古	65.50	31.58	49.98	11.79	5.08	5.22	20.07	22.69	70.56
辽宁	104.57	32.84	52.67	10.91	5.60	9.19	28.96	20.17	75.73
吉林	94.52	32.82	51.19	11.28	5.54	9.23	23.43	21.20	74.33
黑龙江	66.47	32.10	51.10	10.55	4.29	5.76	14.58	19.69	74.76
上海	90.00	36.55	58.45	12.15	4.75	2.70	31.15	31.09	98.25
江苏	70.03	36.72	56.74	11.37	4.98	8.92	24.87	23.97	93.72
浙江	67.25	37.64	58.56	12.95	4.59	5.29	28.04	25.37	97.93
安徽	82.11	35.60	53.29	11.21	5.16	5.06	22.18	25.39	81.17
福建	93.03	37.55	55.66	12.67	4.42	3.88	27.99	27.29	94.91
江西	91.16	38.61	60.11	14.19	5.65	5.36	32.44	27.91	105.50
山东	81.58	33.42	56.96	10.31	5.09	9.00	13.68	23.06	78.03
河南	82.87	34.35	55.18	10.61	5.19	6.87	17.49	20.12	73.79
湖北	81.15	36.67	55.48	11.70	5.08	7.35	24.45	23.24	84.77
湖南	87.42	39.14	60.59	12.64	5.62	5.05	33.60	31.55	96.53
广东	97.26	39.92	58.87	15.16	5.72	4.78	30.50	43.69	98.48
广西	94.67	37.55	61.79	15.67	6.34	4.26	32.67	39.88	93.61
海南	92.00	41.07	59.20	15.39	4.13	5.44	35.22	37.90	116.90
重庆	50.71	36.47	52.27	13.96	5.14	5.81	30.80	25.88	89.57
四川	53.69	36.30	57.27	15.34	6.48	7.48	37.62	36.57	83.88
贵州	45.16	34.34	51.82	15.48	5.10	5.41	32.18	32.90	89.08
云南	46.50	29.37	47.58	12.53	5.43	6.03	25.28	28.36	81.45
陕西	106.52	32.66	52.92	11.81	5.42	9.18	22.25	23.27	74.74
甘肃	84.61	32.21	54.40	12.50	5.42	6.49	23.19	25.84	69.17
青海	72.91	34.20	53.45	13.41	4.05	4.94	27.90	32.09	68.95
宁夏	61.83	32.63	53.73	12.10	5.36	6.73	23.99	22.90	70.23
新疆	55.04	31.42	50.45	13.16	4.10	5.65	22.87	24.20	68.05

5-11 续表

单位：元/千克、元/只

地 区	生鲜乳	羊肉	玉米	豆粕	小麦麸	进口鱼粉	育肥猪配合饲料	肉鸡配合饲料	蛋鸡配合饲料
全国均价	**4.04**	**79.60**	**2.12**	**3.36**	**1.76**	**11.92**	**3.09**	**3.18**	**2.91**
北 京	3.79	69.78	2.04	3.16	1.62		3.12	2.93	2.80
天 津	3.93	84.60	2.08	3.23	1.50	8.52	2.70	3.15	2.57
河 北	3.83	75.59	2.03	3.26	1.48	11.07	2.77	3.30	2.58
山 西	3.98	75.42	2.03	3.26	1.66	10.67	3.12	3.20	2.61
内蒙古	3.58	72.46	1.91	3.23	1.74	9.39	3.27	3.28	3.08
辽 宁	3.90	78.13	1.95	3.24	1.82	10.62	2.91	3.06	2.53
吉 林	4.07	78.66	1.82	3.36	1.82	12.22	3.11	2.85	2.62
黑龙江	3.63	77.85	1.75	3.41	1.77	11.15	2.95	2.94	2.74
上 海	4.94	92.25	2.13	3.16	1.56	10.98	2.90	3.01	2.81
江 苏	3.88	83.97	2.09	3.24	1.52	12.55	2.65	2.93	2.63
浙 江	5.47	84.54	2.15	3.14	1.73	11.92	3.01	3.00	2.92
安 徽	3.87	76.65	2.04	3.25	1.55	11.17	2.77	2.92	2.73
福 建	4.88	85.57	2.16	3.15	1.78	13.06	2.80	2.96	2.82
江 西	3.30	86.57	2.37	3.33	2.03	13.12	3.01	3.12	3.07
山 东	3.83	83.99	1.97	3.20	1.47	12.28	2.79	2.98	2.54
河 南	3.82	75.55	1.99	3.29	1.54	12.04	2.94	3.06	2.70
湖 北	3.91	76.31	2.20	3.29	1.79	12.46	2.98	2.96	2.82
湖 南		80.47	2.19	3.39	1.84	10.94	3.16	3.31	3.20
广 东	6.97	83.20	2.21	3.22	1.82	12.68	3.11	3.22	3.17
广 西	5.23	86.85	2.36	3.46	2.05	12.07	3.21	3.36	3.13
海 南		106.00	2.33	3.62	1.85		2.95	3.18	3.18
重 庆	4.87	81.47	2.20	3.39	1.82	10.92	3.12	3.17	3.08
四 川	4.57	83.37	2.28	3.51	1.92	11.57	3.44	3.47	3.39
贵 州	3.98	88.62	2.42	3.67	2.35	12.39	3.63	3.62	3.48
云 南	3.77	88.01	2.37	3.57	2.05	11.88	3.73	3.61	3.43
陕 西	4.16	78.33	2.06	3.48	1.65	13.64	3.23	3.08	2.75
甘 肃	3.80	68.90	2.11	3.45	1.71	12.02	3.23	3.16	3.00
青 海	4.26	70.71	2.24	2.99	1.87		3.36	3.41	3.14
宁 夏	4.03	65.28	2.09	3.76	1.77	11.93	3.53	3.44	3.25
新 疆	3.91	67.80	1.97	3.87	1.78	14.52	3.09	3.22	2.92

5-12　各地区2019年12月畜产品及饲料集市价格

单位：元/千克、元/只

地　区	仔猪	活猪	猪肉	鸡蛋	商品代蛋雏鸡	商品代肉雏鸡	活鸡	白条鸡	牛肉
全国均价	**75.41**	**33.28**	**51.09**	**11.63**	**5.20**	**5.48**	**23.94**	**25.34**	**82.17**
北　京		33.12	45.04	10.11	3.50			18.70	68.20
天　津	59.50	31.83	52.85	9.60	4.94	6.16	10.42	18.24	76.63
河　北	66.96	31.85	47.80	9.28	5.06	7.17	13.16	20.01	70.64
山　西	89.99	31.31	48.83	9.57	5.51	5.51	18.77	22.23	71.01
内蒙古	65.43	30.34	46.45	10.42	5.21	5.40	19.80	22.01	70.80
辽　宁	93.61	31.26	47.53	9.54	5.29	6.47	28.39	19.58	76.85
吉　林	88.73	30.76	46.85	9.77	5.38	6.26	22.03	19.77	74.45
黑龙江	64.99	30.52	46.43	8.93	4.44	5.10	13.75	18.38	74.74
上　海	90.50	34.46	55.03	11.27	4.40	2.43	30.38	30.38	99.42
江　苏	70.34	34.12	53.25	10.55	4.80	6.42	23.63	22.20	91.50
浙　江	73.41	35.06	53.96	12.10	4.82	4.14	24.50	24.16	99.78
安　徽	82.83	33.79	49.19	10.52	5.42	3.15	20.35	23.17	82.04
福　建	94.65	35.73	53.24	11.65	4.71	3.74	27.74	29.00	95.66
江　西	88.80	35.75	55.62	13.77	5.51	5.37	29.32	27.68	102.11
山　东	76.70	32.53	51.87	9.33	4.97	5.11	12.65	21.70	78.45
河　南	78.98	32.73	50.42	9.49	5.16	5.42	15.56	18.34	73.71
湖　北	81.53	34.44	51.71	11.00	5.01	6.32	23.04	21.74	85.98
湖　南	92.51	36.49	55.03	12.11	4.68	4.70	32.57	30.49	96.77
广　东	94.10	38.09	55.40	15.05	5.56	3.64	28.38	42.64	99.04
广　西	94.71	35.62	57.71	15.47	6.09	3.73	31.49	38.73	92.74
海　南		38.00	58.50	15.31	4.38	5.67	37.30	39.78	115.90
重　庆	52.71	35.96	49.97	13.12	5.20	5.21	28.84	24.31	88.68
四　川	54.50	36.23	56.35	15.01	6.34	6.71	36.61	35.14	84.30
贵　州	43.80	34.05	51.37	15.25	5.34	5.31	31.57	33.15	88.82
云　南	48.88	29.44	47.09	12.33	5.75	5.98	24.28	28.02	81.38
陕　西	103.17	31.84	49.48	10.59	5.68	7.16	21.44	21.65	75.04
甘　肃	80.32	30.23	50.06	11.68	5.55	6.56	22.78	25.54	70.25
青　海	69.36	31.43	47.68	12.54	4.12	4.59	27.69	31.48	69.46
宁　夏	58.33	30.72	49.34	10.93	5.81	7.45	23.92	22.27	70.08
新　疆	51.19	29.69	46.12	12.32	4.26	5.70	23.99	24.75	68.45

5－12 续表

单位：元/千克、元/只

地 区	生鲜乳	羊肉	玉米	豆粕	小麦麸	进口鱼粉	育肥猪配合饲料	肉鸡配合饲料	蛋鸡配合饲料
全国均价	**4.03**	**79.94**	**2.10**	**3.30**	**1.77**	**11.82**	**3.08**	**3.18**	**2.90**
北 京	3.79	69.50	2.02	3.15	1.67		3.12	2.94	2.79
天 津	3.94	82.75	2.07	3.12	1.51	8.52	2.63	3.13	2.53
河 北	3.85	75.43	1.99	3.20	1.49	11.10	2.73	3.25	2.55
山 西	4.08	74.69	1.99	3.15	1.70	10.66	3.04	3.24	2.59
内蒙古	3.48	71.86	1.90	3.21	1.73	9.42	3.28	3.28	3.07
辽 宁	3.94	78.59	1.92	3.19	1.81	10.52	2.89	3.04	2.51
吉 林	4.05	78.68	1.79	3.31	1.82	12.25	3.05	2.83	2.61
黑龙江	3.65	78.21	1.71	3.36	1.78	11.13	2.92	2.93	2.72
上 海	4.53	93.67	2.13	3.12	1.56	10.93	2.92	3.01	2.82
江 苏	3.90	82.72	2.08	3.14	1.51	12.93	2.66	2.92	2.62
浙 江	5.08	87.51	2.13	3.12	1.73	11.77	2.99	3.01	2.92
安 徽	3.90	77.93	2.02	3.22	1.54	11.14	2.76	2.91	2.72
福 建	4.96	87.14	2.16	3.10	1.76	13.00	2.80	2.97	2.80
江 西	3.30	85.10	2.30	3.28	2.02	12.83	2.96	3.12	3.08
山 东	3.83	84.25	1.95	3.14	1.47	12.29	2.80	2.99	2.53
河 南	3.84	75.39	1.98	3.24	1.54	12.03	2.92	3.05	2.68
湖 北	3.87	77.53	2.19	3.27	1.79	12.40	2.95	2.91	2.77
湖 南		83.21	2.18	3.38	1.85	10.94	3.14	3.30	3.17
广 东	7.02	85.86	2.21	3.15	1.81	12.64	3.10	3.22	3.19
广 西	5.26	86.57	2.37	3.47	2.06	12.09	3.21	3.36	3.13
海 南		105.15	2.32	3.64	1.85		2.93	3.17	3.20
重 庆	4.84	81.01	2.19	3.32	1.83	10.84	3.14	3.17	3.07
四 川	4.44	83.05	2.26	3.45	1.93	11.30	3.43	3.46	3.38
贵 州	3.97	89.19	2.39	3.54	2.32	11.90	3.60	3.60	3.45
云 南	3.79	89.00	2.36	3.49	2.07	11.79	3.62	3.65	3.44
陕 西	4.01	78.40	2.01	3.40	1.67	13.66	3.20	3.11	2.74
甘 肃	3.84	69.24	2.07	3.39	1.74	12.10	3.19	3.14	2.98
青 海	4.26	70.96	2.22	2.98	1.88		3.36	3.41	3.14
宁 夏	4.05	65.30	2.05	3.69	1.74	11.92	3.50	3.41	3.23
新 疆	3.93	67.88	1.98	3.79	1.80	14.59	3.09	3.23	2.93

六、饲料产量

6-1 全国饲料总产量

单位：万吨

年 份	总产量	配合饲料	浓缩饲料	添加剂预混合饲料	宠物饲料
1990	3 194.0	3 122.2	50.8	21.0	
1991	3 582.7	3 494.0	59.0	29.8	
1992	3 796.4	3 637.9	126.3	32.2	
1993	3 921.8	3 704.4	172.5	44.9	
1994	4 523.2	4 232.5	231.2	59.5	
1995	5 268.0	4 857.9	345.9	64.2	
1996	5 610.0	5 118.3	418.9	72.7	
1997	6 299.2	5 473.8	700.7	124.7	
1998	6 599.0	5 573.3	887.4	138.3	
1999	6 872.7	5 552.7	1 096.8	223.2	
2000	7 429.0	5 911.8	1 249.2	268.0	
2001	7 806.5	6 086.8	1 418.8	300.8	
2002	8 319.0	6 238.7	1 764.0	316.3	
2003	8 711.6	6 427.6	1 958.1	325.8	
2004	9 660.5	7 030.6	2 224.3	405.6	
2005	10 732.3	7 762.2	2 498.3	471.8	
2006	11 059.0	8 116.9	2 456.0	486.1	
2007	12 331.0	9 318.9	2 491.2	520.9	
2008	13 666.6	10 590.2	2 530.5	545.9	
2009	14 813.2	11 534.5	2 686.3	592.5	
2010	16 201.7	12 974.3	2 648.2	579.3	
2011	18 062.6	14 915.0	2 542.5	605.1	
2012	19 448.5	16 362.6	2 466.5	619.4	
2013	19 340.1	16 307.9	2 398.5	633.7	
2014	19 727.0	16 935.3	2 151.2	640.6	
2015	20 009.2	17 396.2	1 960.5	652.5	
2016	20 917.5	18 394.5	1 832.4	690.6	
2017	22 161.2	19 618.6	1 853.7	688.9	
2018	23 763.1	21 659.1	1 418.1	607.3	78.6
2019	22 885.4	21 013.8	1 241.9	542.6	87.1

注：2019 年的饲料工业统计数据是根据《全国饲料工业统计调查制度》（农办牧〔2019〕24 号）实施全覆盖统计监测后，由企业直报数据汇总。2018 年饲料工业统计数据是根据当年全覆盖统计监测的企业直报数据，对原公布数据进行了修正。

6-2 按畜种分全国饲料产量

单位：万吨

年 份	总产量	猪饲料	蛋禽饲料	肉禽饲料	水产饲料	反刍动物饲料	其他饲料	宠物饲料
1990	3 194.0							
1991	3 582.7							
1992	3 796.4							
1993	3 921.8							
1994	4 523.2							
1995	5 268.0							
1996	5 610.0							
1997	6 299.2							
1998	6 599.0							
1999	6 872.7							
2000	7 429.0							
2001	7 806.5							
2002	8 319.0	3 096.8	1 811.5	2 213.3	724.0	273.9	199.5	
2003	8 711.6	3 415.8	1 879.4	2 154.4	742.1	334.4	185.5	
2004	9 660.5	3 793.2	1 928.3	2 608.8	831.0	326.9	172.3	
2005	10 732.3	4 250.2	2 041.3	2 825.7	1 035.8	387.2	192.0	
2006	11 059.0	4 015.0	2 202.7	2 896.9	1 241.0	462.6	240.8	
2007	12 331.0	4 000.9	2 518.4	3 660.9	1 326.0	568.3	256.4	
2008	13 666.6	4 576.9	2 666.1	4 211.5	1 338.8	570.5	302.8	
2009	14 813.2	5 242.8	2 761.1	4 477.6	1 464.3	591.2	276.2	
2010	16 201.7	5 946.8	3 007.7	4 734.9	1 502.4	728.0	282.1	
2011	18 062.6	6 830.4	3 173.4	5 283.3	1 684.4	775.3	315.9	
2012	19 448.5	7 721.6	3 229.2	5 513.7	1 892.3	775.1	316.7	
2013	19 340.1	8 411.3	3 034.9	4 947.1	1 864.2	795.0	287.5	
2014	19 727.0	8 615.6	2 901.8	5 033.2	1 902.8	876.5	397.0	
2015	20 009.2	8 343.6	3 019.8	5 514.8	1 893.1	884.2	353.7	
2016	20 917.5	8 725.7	3 004.6	6 011.3	1 930.0	879.9	366.1	
2017	22 161.2	9 809.7	2 931.2	6 014.5	2 079.8	922.6	403.4	
2018	23 763.1	10 442.5	2 844.7	6 997.6	2 195.8	1 017.0	186.8	78.6
2019	22 885.4	7 663.2	3 116.6	8 464.8	2 202.9	1 108.9	241.9	87.1

注：2019 年的饲料工业统计数据是根据《全国饲料工业统计调查制度》（农办牧〔2019〕24 号）实施全覆盖统计监测后，由企业直报数据汇总。2018 年饲料工业统计数据是根据当年全覆盖统计监测的企业直报数据，对原公布数据进行了修正。

七、生猪屠宰统计

7-1 全国生猪屠宰企业屠宰量

单位：个、万头

地　区	企业数量	屠宰量
北　京	9	21.0
天　津	22	110.5
河　北	162	1 426.4
山　西	64	493.5
内蒙古	127	243.2
辽　宁	334	1 024.4
吉　林	136	523.3
黑龙江	90	915.5
上　海	5	41.5
江　苏	121	1 699.1
浙　江	133	885.3
安　徽	128	971.4
福　建	105	691.2
江　西	187	773.0
山　东	292	2 598.0
河　南	209	2 123.1
湖　北	312	927.9
湖　南	186	1 073.7
广　东	424	3 936.3
广　西	155	1 207.0
海　南	5	223.0
重　庆	146	617.3
四　川	984	1 994.7
贵　州	107	497.2
云　南	282	1 086.6
西　藏	16	0.6
陕　西	129	517.1
甘　肃	61	271.3
青　海	11	28.8
宁　夏	13	50.5
新　疆	44	113.4
新疆生产建设兵团	6	64.3
合　计	**5 005**	**27 150.0**

注：屠宰量为 2019 年全年所有屠宰企业累计数据，企业数量为 2019 年年底统计数据。

7-2 全国规模以上生猪定点屠宰企业 2019 年生猪及白条肉价格基本情况

周 数	日 期	生猪收购价格（元/千克）	环比涨跌	白条肉出厂价格（元/千克）	环比涨跌
第 1 周	2018 年 12 月 31 日—2019 年 1 月 6 日	14.10	−1.61%	19.03	−1.35%
第 2 周	1 月 7—13 日	13.75	−2.48%	18.54	−2.57%
第 3 周	1 月 14—20 日	13.19	−4.07%	17.93	−3.29%
第 4 周	1 月 21—27 日	12.50	−5.23%	17.14	−4.41%
第 5 周	1 月 28 日—2 月 3 日	12.21	−2.32%	16.74	−2.33%
第 6 周	2 月 4—10 日	13.03	6.72%	17.65	5.44%
第 7 周	2 月 11—17 日	12.72	−2.38%	17.25	−2.27%
第 8 周	2 月 18—24 日	12.85	1.02%	17.21	−0.23%
第 9 周	2 月 25 日—3 月 3 日	12.77	−0.62%	17.03	−1.05%
第 10 周	3 月 4—10 日	13.52	5.87%	17.91	5.17%
第 11 周	3 月 11—17 日	14.81	9.54%	19.31	7.82%
第 12 周	3 月 18—24 日	15.15	2.30%	19.71	2.07%
第 13 周	3 月 25—31 日	15.19	0.26%	19.72	0.05%
第 14 周	4 月 1—7 日	15.22	0.20%	19.75	0.15%
第 15 周	4 月 8—14 日	15.17	−0.33%	19.69	−0.30%
第 16 周	4 月 15—21 日	14.93	−1.58%	19.45	−1.22%
第 17 周	4 月 22—28 日	14.89	−0.27%	19.43	−0.10%
第 18 周	4 月 29 日—5 月 5 日	15.06	1.14%	19.58	0.77%
第 19 周	5 月 6—12 日	15.06	0.00%	19.67	0.46%
第 20 周	5 月 13—19 日	15.02	−0.27%	19.66	−0.05%
第 21 周	5 月 20—26 日	14.94	−0.53%	19.54	−0.61%
第 22 周	5 月 27 日—6 月 2 日	15.10	1.07%	19.69	0.77%
第 23 周	6 月 3—9 日	15.57	3.11%	20.19	2.54%
第 24 周	6 月 10—16 日	15.81	1.54%	20.52	1.63%
第 25 周	6 月 17—23 日	16.52	4.49%	21.39	4.24%
第 26 周	6 月 24—30 日	16.83	1.88%	21.86	2.20%

7-2 续表

周　数	日　期	生猪收购价格（元/千克）	环比涨跌	白条肉出厂价格（元/千克）	环比涨跌
第 27 周	7 月 1—7 日	16.92	0.53%	22.08	1.01%
第 28 周	7 月 8—14 日	17.65	4.31%	22.82	3.35%
第 29 周	7 月 15—21 日	18.43	4.42%	23.75	4.08%
第 30 周	7 月 22—28 日	18.82	2.12%	24.13	1.60%
第 31 周	7 月 29 日—8 月 4 日	19.28	2.44%	24.62	2.03%
第 32 周	8 月 5—11 日	20.90	8.40%	26.75	8.65%
第 33 周	8 月 12—18 日	22.79	9.04%	29.10	8.79%
第 34 周	8 月 19—25 日	24.33	6.76%	31.08	6.80%
第 35 周	8 月 26 日—9 月 1 日	26.00	6.86%	33.05	6.34%
第 36 周	9 月 2—8 日	27.04	4.00%	34.52	4.45%
第 37 周	9 月 9—15 日	27.72	2.51%	35.45	2.69%
第 38 周	9 月 16—22 日	28.33	2.20%	36.02	1.61%
第 39 周	9 月 23—29 日	28.55	0.78%	36.25	0.64%
第 40 周	9 月 30 日—10 月 6 日	29.96	4.94%	38.06	4.99%
第 41 周	10 月 7—13 日	32.95	9.98%	41.65	9.43%
第 42 周	10 月 14—20 日	35.52	7.80%	45.06	8.19%
第 43 周	10 月 21—27 日	39.20	10.36%	49.97	10.90%
第 44 周	10 月 28 日—11 月 3 日	39.54	0.87%	50.64	1.34%
第 45 周	11 月 4—10 日	38.24	−3.29%	49.22	−2.80%
第 46 周	11 月 11—17 日	35.06	−8.32%	45.20	−8.17%
第 47 周	11 月 18—24 日	32.85	−6.30%	42.38	−6.24%
第 48 周	11 月 25 日—12 月 1 日	32.25	−1.83%	41.75	−1.49%
第 49 周	12 月 2—8 日	33.75	4.65%	43.42	4.00%
第 50 周	12 月 9—15 日	33.72	−0.09%	43.22	−0.46%
第 51 周	12 月 16—22 日	33.68	−0.12%	43.18	−0.09%
第 52 周	12 月 23—29 日	33.69	0.03%	43.28	0.23%
第 53 周	2019 年 12 月 30 日—2020 年 1 月 5 日	34.72	3.06%	44.33	2.43%

7-3　全国月报样本生猪定点屠宰企业 2019 年屠宰量情况

月份	屠宰量（万头）	环比增减	同比增减
1 月	2 434.01	6.37%	6.33%
2 月	1 292.88	−46.88%	−26.05%
3 月	1 855.72	43.53%	−3.20%
4 月	1 840.63	−0.81%	−13.02%
5 月	1 915.35	4.06%	−10.34%
6 月	1 758.24	−8.20%	−10.19%
7 月	1 730.34	−1.59%	−11.33%
8 月	1 463.36	−15.43%	−25.60%
9 月	1 233.72	−15.69%	−35.84%
10 月	1 053.10	−14.64%	−46.02%
11 月	1 085.64	3.09%	−45.89%
12 月	1 452.77	33.82%	−36.51%

注：2019 年 10 月样本企业调整，2019 年 10—12 月屠宰量数据为 5 005 家屠宰企业数据，同比的数据为 2018 年月报样本企业的屠宰量数据。

八、中国畜产品进出口统计

八、中国畜产品进出口统计

8-1　畜产品进出口分类别情况

类　别	单位	进出口贸易总额			进口金额	
		总额	占贸易总额比重	比上年增减	贸易额	占进口总额比重
生猪产品	万美元、%	740 136.62	17.32	56.89	655 000.97	18.08
其中：猪肉#	万美元、%	480 187.66	11.24	111.60	466 048.44	12.87
猪杂碎#	万美元、%	186 954.53	4.38	22.17	186 853.52	5.16
蛋产品	万美元、%	19 128.78	0.45	1.68	15.94	0.00
禽产品	万美元、%	426 164.70	9.97	31.73	239 930.36	6.62
其中：家禽肉及杂碎#	万美元、%	263 822.34	6.17	53.38	201 330.89	5.56
乳品	万美元、%	1 170 900.84	27.41	10.99	1 126 507.04	31.10
其中：工业奶粉#	万美元、%	313 080.56	7.33	28.40	312 386.41	8.62
婴幼儿奶粉#	万美元、%	557 021.57	13.04	9.80	519 137.34	14.33
乳清粉#	万美元、%	59 746.75	1.40	−4.08	59 710.34	1.65
鲜奶#	万美元、%	112 235.40	2.63	19.70	110 107.93	3.04
乳酪#	万美元、%	52 292.78	1.22	1.66	52 202.21	1.44
牛产品	万美元、%	882 167.76	20.65	65.59	869 030.66	23.99
其中：牛肉#	万美元、%	822 673.49	19.26	71.29	822 509.12	22.71
羊产品	万美元、%	189 615.18	4.44	40.52	187 405.16	5.17
其中：羊肉#	万美元、%	189 552.86	4.44	40.56	187 405.16	5.17
马、驴、骡	万美元、%	7 482.60	0.18	−10.70	7 265.11	0.20
骆驼产品	万美元、%	26.48	0.00	−80.42	26.48	0.00
兔产品	万美元、%	2 396.86	0.06	−19.17	23.73	0.00
动物毛	万美元、%	291 611.63	6.83	−19.64	254 425.80	7.02
动物生皮	万美元、%	116 559.57	2.73	−29.56	115 202.69	3.18
动物生毛皮	万美元、%	36 309.54	0.85	−26.63	35 946.70	0.99
其他畜产品	万美元、%	389 931.57	9.13	−5.23	131 534.29	3.63
畜产品合计	万美元、%	4 272 432.14	100.00	20.78	3 622 314.94	100.00

8-1 续表 1

类 别	单位	进口金额	出口金额		
		比上年增减	贸易额	占出口总额比重	比上年增减
生猪产品	万美元、%	80.66	85 135.65	13.10	−22.03
其中：猪肉#	万美元、%	124.71	14 139.22	2.17	−27.60
猪杂碎#	万美元、%	22.30	101.02	0.02	−59.20
蛋产品	万美元、%	946.36	19 112.84	2.94	1.61
禽产品	万美元、%	70.50	186 234.34	28.65	1.88
其中：家禽肉及杂碎#	万美元、%	76.57	62 491.44	9.61	7.77
乳品	万美元、%	10.63	44 393.80	6.83	20.82
其中：工业奶粉#	万美元、%	28.63	694.15	0.11	−29.46
婴幼儿奶粉#	万美元、%	8.85	37 884.23	5.83	24.78
乳清粉#	万美元、%	−4.02	36.42	0.01	−52.84
鲜奶#	万美元、%	20.65	2 127.47	0.33	−15.02
乳酪#	万美元、%	1.73	90.57	0.01	−27.09
牛产品	万美元、%	67.66	13 137.10	2.02	−8.83
其中：牛肉#	万美元、%	71.37	164.37	0.03	−48.61
羊产品	万美元、%	42.51	2 210.02	0.34	−35.55
其中：羊肉#	万美元、%	42.51	2 147.70	0.33	−35.85
马、驴、骡	万美元、%	−11.77	217.49	0.03	49.30
骆驼产品	万美元、%	−80.42	0.00	0.00	0.00
兔产品	万美元、%	−35.39	2 373.13	0.37	−18.96
动物毛	万美元、%	−24.50	37 185.83	5.72	43.41
动物生皮	万美元、%	−29.78	1 356.88	0.21	−4.05
动物生毛皮	万美元、%	−27.01	362.84	0.06	55.03
其他畜产品	万美元、%	8.16	258 397.28	39.75	−10.84
畜产品合计	万美元、%	27.02	650 117.20	100.00	−5.21

8-1 续表2

类　别	单位	进出口贸易总量			进口总量	
		总量	占贸易总量比重	比上年增减	总量	占进口总量比重
生猪产品	万吨、%	333.97	26.62	34.27	312.79	27.78
其中：猪肉#	万吨、%	213.44	17.01	72.89	210.78	18.72
猪杂碎#	万吨、%	101.94	8.12	5.94	101.88	9.05
蛋产品	吨、%	100 842.01	0.80	1.24	24.04	2.13
禽产品	万吨、%	130.97	10.44	27.43	79.73	7.08
其中：家禽肉及杂碎#	万吨、%	101.26	8.07	39.67	79.51	7.06
乳品	万吨、%	303.92	24.22	12.57	298.41	26.50
其中：工业奶粉#	万吨、%	101.66	8.10	26.36	101.48	9.01
婴幼儿奶粉#	万吨、%	36.36	2.90	6.97	34.55	3.07
乳清粉#	万吨、%	45.12	3.60	−18.72	45.10	4.01
鲜奶#	万吨、%	91.54	7.30	30.69	89.06	7.91
乳酪#	万吨、%	11.50	0.92	6.01	11.49	1.02
牛产品	万吨、%	178.17	14.20	55.07	175.93	15.62
其中：牛肉#	万吨、%	165.97	13.23	59.61	165.95	14.74
羊产品	万吨、%	39.47	3.15	22.35	39.27	3.49
其中：羊肉#	万吨、%	39.43	3.14	22.32	39.23	3.48
马、驴、骡	万吨、%	2.98	0.24	−9.30	2.97	0.26
骆驼产品	吨、%	4.11	0.00	−90.41	4.11	0.36
兔产品	吨、%	4 919.52	0.04	−17.96	2.01	0.18
动物毛	万吨、%	30.79	2.45	−24.51	29.05	2.58
动物生皮	万吨、%	116.85	9.31	2.94	115.52	10.26
动物生毛皮	万吨、%	2.13	0.17	10.85	2.12	0.19
其他畜产品	万吨、%	104.88	8.36	−1.52	70.31	6.24
畜产品合计	万吨、%	1 254.71	100.00	20.04	1 126.09	100.00

8-1 续表 3

类 别	单位	进口总量	出口总量		
		比上年增减	总量	占出口总量比重	比上年增减
生猪产品	万吨、%	45.18	21.19	16.47	−36.37
其中：猪肉#	万吨、%	76.71	2.66	2.07	−36.23
猪杂碎#	万吨、%	6.06	0.06	0.05	−65.07
蛋产品	吨、%	798.28	100 817.97	7.84	1.22
禽产品	万吨、%	57.94	51.24	39.84	−2.03
其中：家禽肉及杂碎#	万吨、%	57.77	21.76	16.91	−1.59
乳品	万吨、%	12.82	5.51	4.28	0.37
其中：工业奶粉#	万吨、%	26.63	0.18	0.14	−43.13
婴幼儿奶粉#	万吨、%	6.47	1.81	1.41	17.60
乳清粉#	万吨、%	−18.71	0.02	0.01	−32.94
鲜奶#	万吨、%	32.27	2.48	1.93	−8.58
乳酪#	万吨、%	6.09	0.01	0.01	−38.23
牛产品	万吨、%	56.32	2.24	1.75	−4.68
其中：牛肉#	万吨、%	59.66	0.02	0.02	−49.72
羊产品	万吨、%	23.01	0.20	0.16	−39.85
其中：羊肉#	万吨、%	22.97	0.20	0.15	−40.68
马、驴、骡	万吨、%	−9.48	0.01	0.01	58.18
骆驼产品	吨、%	−90.41	0.00	0.00	0.00
兔产品	吨、%	16.70	4 917.51	0.38	−17.97
动物毛	万吨、%	−25.32	1.74	1.35	−7.74
动物生皮	万吨、%	3.23	1.33	1.04	−17.55
动物生毛皮	万吨、%	11.14	0.01	0.01	−23.58
其他畜产品	万吨、%	0.09	34.57	26.87	−4.64
畜产品合计	万吨、%	24.96	128.62	100.00	−10.75

8-2 畜产品进出口额

单位：亿美元

年 份	进口额	出口额	贸易总额
1995	14.79	28.24	43.02
1996	14.14	28.56	42.70
1997	13.76	27.38	41.15
1998	13.31	24.57	37.88
1999	18.45	22.43	40.89
2000	26.55	25.90	52.45
2001	27.87	26.65	54.52
2002	28.77	25.70	54.47
2003	33.44	27.16	60.60
2004	40.38	31.90	72.29
2005	42.33	36.03	78.36
2006	45.57	37.26	82.83
2007	64.71	40.48	105.19
2008	77.27	43.93	121.20
2009	65.99	39.13	105.11
2010	96.56	47.50	144.06
2011	133.98	59.94	193.92
2012	149.02	64.39	213.40
2013	195.10	65.25	260.34
2014	221.67	68.48	290.15
2015	204.47	58.91	263.38
2016	234.02	56.41	290.43
2017	256.16	63.56	319.72
2018	285.17	68.59	353.76
2019	362.23	65.01	427.24

8-3 畜产品进口主要国家（地区）

单位：万美元、%

国家（地区）	进口额	占进口总额的比重	比上年增减
新西兰	730 706.51	20.17	25.42
澳大利亚	580 814.14	16.03	12.89
巴西	403 074.46	11.13	45.19
荷兰	249 831.42	6.90	11.85
阿根廷	207 969.71	5.74	108.36
美国	191 086.43	5.28	−2.59
德国	189 015.98	5.22	29.54
西班牙	147 544.47	4.07	90.51
乌拉圭	130 998.49	3.62	29.86
丹麦	121 197.69	3.35	40.83
其他国家（地区）	670 075.66	18.50	30.23
合计	3 622 314.94	100.00	27.02

8-4　畜产品出口主要国家（地区）

单位：万美元、%

国家（地区）	出口额	占出口总额的比重	比上年增减
中国香港	210 268.05	32.34	−5.35
日本	140 482.19	21.61	−3.84
越南	37 205.77	5.72	−1.46
德国	32 522.56	5.00	−11.87
美国	29 917.21	4.60	−11.67
荷兰	17 188.55	2.64	−6.97
中国澳门	15 099.62	2.32	6.46
英国	14 801.66	2.28	−6.97
泰国	14 415.67	2.22	−29.68
韩国	11 036.39	1.70	−7.12
其他国家（地区）	127 179.52	19.56	−0.75
合计	650 117.20	100.00	−5.21

8－5　主要畜产品出口量值表

商品编码	商品名称	出口数量（吨）	出口数量比同期（%）	出口金额（万美元）	出口金额比同期（%）
01012100	改良种用马				
01013090	其他驴，改良种用除外	0.00	－100.00	0.00	－100.00
01012900	其他马，改良种用除外	7.20	169.87	11.70	62.47
01019010	其他马，改良种用除外				
01019090	其他驴（改良种用除外）、骡				
01021000	改良种用牛				
01022100	改良种用家牛				
01023100	改良种用水牛				
01029010	改良种用其他牛				
01022900	其他家牛，改良种用除外				
01023900	其他水牛，改良种用除外				
01029000	其他牛，改良种用除外				
01029090	其他牛，改良种用除外	10 805.71	－5.79	5 619.22	－48.00
01031000	改良种用猪	0.00	－100.00	0.00	－100.00
01039110	猪，改良种用除外，质量<10 千克				
01039120	猪，10 千克≤质量<50 千克，改良种用除外	219.22	－61.11	104.49	－52.33
01039200	猪，改良种用除外，质量≥50 千克	105 938.67	－39.30	39 536.43	－62.68
01041010	改良种用绵羊				
01042010	改良种用山羊				
01041090	其他绵羊，改良种用除外				
01042090	其他山羊，改良种用除外	91.72	－14.22	62.32	－32.06
01051410	改良种用鹅，质量≤185 克				
01051490	其他鹅，改良种用除外，质量≤185 克				
01059992	其他鹅，质量>185 克				
01051310	改良种用鸭，质量≤185 克				
01051390	其他鸭，改良种用除外，质量≤185 克				
01059991	其他鸭，质量>185 克				
01051110	种鸡，质量≤ 185 克	0.00	－100.00	0.00	－100.00
01051190	其他鸡，质量≤ 185 克	129.32	20.19	134.02	3.63
01059110	种鸡，质量>185 克				
01059190	其他鸡，质量>185 克				

注：主要畜产品出口量值表的具体内容参见《中华人民共和国海关统计商品目录》，续表同。

8-5 续表1

商品编码	商品名称	出口数量（吨）	出口数量比同期（%）	出口金额（万美元）	出口金额比同期（%）
01059210	改良种用鸡、185克<质量≤2 000克				
01059290	其他鸡，改良种用除外，185克<质量≤2 000克				
01061310	改良种用骆驼及其他骆驼科动物				
01061390	其他骆驼及其他骆驼科动物，改良种用除外				
01063921	食用乳鸽				
01060022	鸵鸟				
01063310	改良种用鸵鸟、鸸鹋				
01063390	其他鸵鸟、鸸鹋，改良种用除外				
01063922	食用鸵鸟				
01063923	食用野鸭				
01060023	野鸡				
01063110	改良种用猛禽				
01063190	其他猛禽，改良种用除外				
01063210	改良种用鹦形目鸟				
02011000	鲜、冷整头及半头牛肉				
02012000	鲜、冷带骨牛肉	11.42	159.52	9.80	-14.22
02013000	鲜、冷去骨牛肉				
02021000	冻整头及半头牛肉				
02022000	冻带骨牛肉	0.05	-99.06	0.07	45.74
02023000	冻去骨牛肉	206.57	-51.31	154.50	-25.21
02031100	鲜、冷整头及半头猪肉				
02031110	鲜、冷整头及半头乳猪肉				
02031190	其他鲜、冷整头及半头猪肉				
02031200	鲜、冷带骨猪前腿、猪后腿及其肉块	3 291.45	29.55	1 967.06	-40.24
02031900	其他鲜、冷猪肉	4 588.17	3.18	2 543.66	-44.56
02032100	冻整头及半头猪肉				
02032110	冻整头及半头乳猪肉	5.25	-99.31	1.27	-75.73
02032190	其他冻整头及半头猪肉	522.25	-17.15	240.30	-53.99
02032200	冻带骨猪前腿、猪后腿及其肉块	107.23	8 624.98	19.02	-82.26
02032900	其他冻猪肉	18 115.48	-45.73	9 367.91	-48.29

8－5 续表 2

商品编码	商品名称	出口数量（吨）	出口数量比同期（%）	出口金额（万美元）	出口金额比同期（%）
02041000	鲜、冷整头及半头羔羊肉				
02042100	鲜、冷整头及半头绵羊肉				
02042200	鲜、冷带骨绵羊肉	0.17	−72.82	0.44	166.06
02042300	鲜、冷去骨绵羊肉	0.00	−100.00	0.00	−100.00
02043000	冻整头及半头羔羊肉				
02044100	冻整头及半头绵羊肉	5.26	3 631.91	4.95	−5.94
02044200	冻带骨绵羊肉	551.04	−20.27	614.05	11.44
02044300	冻去骨绵羊肉	453.91	−31.02	463.34	2.08
02045000	山羊肉	943.91	−51.45	1 064.92	12.82
02050000	鲜、冻、冻马、驴、骡肉	129.46	72.48	205.79	58.96
02063000	鲜、冷猪杂碎				
02064100	冻猪肝	15.00	−40.00	1.92	−87.22
02064900	其他冻猪杂碎	54.07	5 307.00	17.27	−68.06
02061000	鲜、冷牛杂碎				
02062100	冻牛舌				
02062200	冻牛肝	13.84	20.00	0.75	−94.59
02062900	其他冻牛杂碎	80.00	1.89	5.24	−93.45
02068000	其他鲜、冷杂碎（牛、猪杂碎除外）				
02069000	其他冻杂碎（牛、猪杂碎除外）	91.73	2 188.00	34.06	−62.87
02073220	整只的鲜、冷鹅				
02073320	整只冻鹅				
02073520	鲜或冷的鹅块及杂碎				
02073620	冻的鹅块及杂碎				
02075100	鲜或冷的整只鹅	11 835.16	1.36	6 154.81	−48.00
02075200	整只冻鹅	44.57	34.28	21.39	−52.01
02075300	鲜或冷的鹅肥肝	1.55	3 780.00	13.55	772.76
02075400	鲜或冷的鹅块及杂碎	52.72	48.19	17.98	−65.91
02075500	冻的鹅块及杂碎	0.23	−92.88	0.12	−46.83
02073210	整只的鲜、冷鸭				
02073310	整只冻鸭				
02073510	鲜或冷的鸭块及杂碎				

8-5 续表3

商品编码	商品名称	出口数量（吨）	出口数量比同期（%）	出口金额（万美元）	出口金额比同期（%）
02086000	鲜、冷、冻骆驼及其他骆驼科动物的肉及食用杂碎				
02089010	鲜、冷、冻乳鸽肉及食用杂碎	4 007.26	−17.44	2 079.01	−48.12
02083000	鲜、冷、冻灵长目动物肉及食用杂碎				
02089090	其他鲜、冷、冻肉及食用杂碎	15.32	−63.63	22.75	48.55
02081000	鲜、冷冻家兔或野兔肉及食用杂碎				
02081010	鲜、冷兔肉，不包括兔头				
02081020	冻兔肉，不包括兔头	4 897.04	−17.89	2 300.56	−53.02
02081090	鲜、冷、冻野兔肉；兔及野兔的食用杂碎				
02085000	鲜、冷、冻爬行动物（包括蛇及龟鳖）肉及食用杂碎				
02082000	鲜、冷、冻田鸡腿				
02084000	鲜、冷、冻的鲸、海豚及鼠海豚的、海牛及儒艮的以及海豹、海狮及海象的肉及食用杂碎				
02099000	未炼制或用其他方法提取的不带瘦肉的家禽脂肪，鲜、冷、冻、干、熏、盐腌或盐渍的				
02091000	未炼制或用其他方法提取的不带瘦肉的肥猪肉、猪脂肪，鲜、冷、冻、干、熏、盐腌或盐渍的	0.00	−100.00	0.00	−100.00
02090000	不带瘦肉的肥猪肉、猪脂肪及家禽脂肪，鲜冷冻干熏盐腌或盐渍的				
02101110	干、熏、盐腌或盐渍带骨猪腿	0.00	−100.00	0.00	−100.00
02101190	干、熏、盐腌或盐渍带骨猪肉块	0.77	93.67	1.25	63.90
02101200	干、熏、盐腌或盐渍猪腹肉（五花肉）	65.14	1.60	46.37	−28.82
02101900	其他干、熏、盐腌或盐渍猪肉	164.59	−17.66	162.14	−1.49
02102000	干、熏、盐腌或盐渍牛肉	0.68	74.36	0.86	26.79
02109000	其他干、熏、盐腌或盐渍的肉及杂碎，可供食用的肉或杂碎粉				
02109100	其他干、熏、盐腌或盐渍的灵长目动物肉及食用杂碎，包括可供食用的肉或杂碎				

8－5　续表 4

商品编码	商品名称	出口数量（吨）	出口数量比同期（%）	出口金额（万美元）	出口金额比同期（%）
02109900	其他干、熏、盐腌或盐渍肉及食用杂碎，包括可供食用的肉或杂碎的细粉、粗粉	667.83	125.78	279.70	－58.12
02109300	其他干、熏、盐腌或盐渍的爬行动物（包括蛇及龟鳖）肉及食用杂碎，包括可供				
02109200	干、熏、盐腌或盐渍的鲸、海豚及鼠海豚的、海牛及儒艮的、海豹、海狮及海象的肉及食用杂碎（包括细粉、粗粉）				
04011000	未浓缩未加糖的乳及奶油，含脂量＜1%	6.76	－71.20	1.01	－85.06
04012000	未浓缩未加糖的乳及奶油，1%＜含脂量≤6%	24 781.85	－8.44	2 125.72	－91.42
04013000	未浓缩未加糖的乳及奶油，含脂量＞6%				
04014000	未浓缩及未加糖或其他甜物质的乳及奶油，含脂量超过 6%，但不超过 10%	6.66	－80.20	0.66	－90.02
04015000	未浓缩及未加糖或其他甜物质的乳及奶油，含脂量超过 10%	0.79	20.40	0.08	－89.81
04021000	固态乳及奶油，含脂量≤1.5%	713.27	－48.14	186.78	－73.81
04022100	未加糖的固态乳及奶油，含脂量＞1.5%	727.42	－46.10	338.48	－53.47
04022900	其他固态乳及奶油，含量＞1.5%	343.30	－16.64	168.89	－50.80
04029100	其他浓缩，未加糖的乳及奶油	221.51	30.87	43.57	－80.33
04029900	其他浓缩的乳及奶油	2 774.23	7.19	435.75	－84.29
04020000	浓缩、加糖或其他甜物质的乳及奶油	0.00	－100.00	0.00	－100.00
04031000	酸乳	1 344.08	378.40	362.79	－73.01
04039000	酪乳、结块或其他发酵或酸化的乳和奶油	2 523.30	－1.81	520.26	－79.38
04049000	其他含天然的产品	134.37	－62.15	28.10	－79.09
04041000	乳清及改性乳清	158.66	－32.94	36.42	－77.05
04050000	黄油及其他从乳中提取的脂和油				
04051000	黄油	1 906.51	38.13	670.46	－64.83
04052000	乳酱				
04059000	其他	517.57	－31.81	228.79	－55.79
04061000	鲜乳酪（未熟化或未固化的）、凝乳	4.70	15.76	2.74	－41.71
04062000	各种磨碎或粉化的乳酪	40.28	9.50	50.41	25.16

8-5 续表 5

商品编码	商品名称	出口数量（吨）	出口数量比同期（%）	出口金额（万美元）	出口金额比同期（%）
04063000	经加工的乳酪（但抹碎或粉化的除外）	33.70	−60.76	17.98	−46.65
04064000	蓝纹乳酪				
04069000	未列名的乳酪	40.54	−38.83	19.44	−52.05
04070021	鲜鸡蛋				
04070022	鲜鸭蛋				
04070023	鲜鹅蛋				
04070029	未列名带壳鲜禽蛋				
04072100	鲜鸡蛋	71 107.66	1.03	11 163.74	−84.30
04072900	其他鲜蛋	664.59	−2.77	129.75	−80.48
04070010	种用禽蛋				
04071100	孵化用受精鸡蛋	36.97	−15.28	56.95	54.04
04071900	其他孵化用受精禽蛋				
04070091	咸蛋				
04070092	皮蛋				
04070099	未列名腌制或煮过的带壳禽蛋				
04081100	干蛋黄	415.37	27.16	404.85	−2.53
04081900	其他蛋黄	769.32	39.39	594.78	−22.69
04089100	干去壳禽蛋	113.76	−17.08	80.83	−28.94
04089900	其他去壳禽蛋	5 496.81	3.94	1 124.63	−79.54
04090000	天然蜂蜜	120 845.47	−2.13	23 501.48	−80.55
04100010	燕窝	0.04	600.00	0.10	183.71
04100041	鲜蜂王浆	675.26	−16.91	1 839.44	172.41
04100042	鲜蜂王浆粉	257.53	−9.12	2 233.42	767.24
04100043	(2006及后）蜂花粉	2 344.31	−6.24	1 154.18	−50.77
04100049	(2006及后）其他蜂产品	371.34	−23.37	698.99	88.23
04100090	未列名食用动物产品	13 055.06	−10.30	2 283.48	−82.51
05021010	猪鬃	4 168.56	−21.63	5 795.71	39.03
05021020	猪毛	138.56	−32.82	19.15	−86.18
05021030	猪鬃或猪毛的废料				
05029011	制刷用山羊毛	932.95	31.53	13 967.47	1 397.13
05029012	制刷用黄鼠狼尾毛				

8-5 续表 6

商品编码	商品名称	出口数量（吨）	出口数量比同期（%）	出口金额（万美元）	出口金额比同期（%）
05029019	未列名制刷用兽毛	20.79	−40.75	752.70	3 519.80
05029020	獾毛及其他制刷用兽毛的废料				
05040021	冷、冻的鸡肫（即鸡胃）				
05040014	盐渍猪大肠头				
05040011	盐渍猪肠衣（猪大肠头除外）	74 039.88	−8.24	53 534.77	−27.69
05040012	盐渍绵羊肠衣	20 643.87	−1.21	46 158.44	123.59
05040013	盐渍山羊肠衣	400.28	−2.43	994.12	148.36
05040019	其他动物肠衣	586.88	−32.23	5 145.24	776.70
05040029	其他动物的胃（鱼除外），整个或切块的	18.02	−62.47	17.09	−5.16
05040090	其他动物肠、膀胱及胃（鱼除外），整个或切块的	375.42	8.94	77.96	−79.24
05051000	填充用羽毛：羽绒	46 056.80	−6.68	87 878.53	90.80
05059010	羽毛或不完整羽毛的粉末及废料				
05059090	其他羽毛：带有羽毛或绒的鸟皮及鸟其他部分	411.50	−34.16	512.97	24.66
05050000	带有羽毛或羽绒的鸟皮及鸟体其他部分；羽毛及不完整羽毛、羽绒，未经进一步加工；羽毛或不完整羽毛的粉末及废料	0.00	−100.00	0.00	−100.00
05069010	骨粉、骨废料				
05069011	含牛羊成分的骨粉及骨废料				
05069019	其他骨粉及骨废料	0.04		0.02	
05061000	经酸处理的骨胶原及其骨				
05069090	其他未经加工或经脱脂、简单整理的骨及角柱	60.00	99 891.67	17.59	−70.69
05071000	兽牙：兽牙粉末及废料	0.07	40.00	0.39	461.00
05079010	羚羊角及其粉末和废料				
05079020	鹿茸及其粉末	108.63	7.73	2 744.23	2 426.20
05079090	龟壳、鲸须、其他兽角、蹄、甲爪及喙	215.88	−59.53	106.88	−50.49
05100010	黄药				
05100020	龙涎香、海狸香、灵猫香				
05100030	麝香				

8－5 续表 7

商品编码	商品名称	出口数量（吨）	出口数量比同期（%）	出口金额（万美元）	出口金额比同期（%）
05100040	斑蝥	0.03	－69.05	97.92	376 525.00
05100090	胆汁：配药用腺体及其他动物产品	118.56	43.55	297.29	150.75
05111000	牛的精液				
05119910	动物精液（牛的精液除外）	0.00	－66.67	0.04	4 180.00
05119920	动物胚胎				
05119990	未列名动物产品：不宜食用的第 1 章的死动物	11 518.84	1.29	4 622.42	－59.87
05119100	鱼、甲壳、软体动物等水生无脊椎动物的产品				
05119111	受精鱼卵	0.01	600.00	1.65	23 475.71
05119119	其他鱼产品	7 628.75	119.06	1 401.34	－81.63
05119190	其他甲壳、软体动物等的产品，第 3 章死动物	1 715.71	－7.02	2 631.66	53.39
05119930	蚕种	11.94	－12.47	261.65	2 091.92
15019000	家禽脂肪，但品目 02.09 及 15.04 的货品除外	15.29	77.00	4.89	－68.02
15011000	猪油	527.40	－54.99	81.81	－84.49
15012000	其他猪脂肪，但品目 02.09 及 15.03 的货品除外				
15010000	猪脂肪（包括已炼制的猪油）及家禽脂肪				
15020010	未炼制的牛、羊脂肪				
15020090	已炼制的牛、羊脂肪				
15021000	牛、羊油脂	715.39	26.26	102.09	－85.73
15029000	其他牛、羊脂肪	688.00	－0.33	110.56	－83.93
15030000	未经制作的猪油硬脂、液体猪油、油硬脂级其他脂油	0.04	－8.89	0.02	－49.27
15050000	羊毛脂及从羊毛脂制得的脂肪物质	10 103.99	－11.99	3 899.33	－61.41
15051000	粗羊毛脂				
15060000	未经化学改性的其他动物油脂及其分离品	786.83	138.06	849.65	7.98
16010000	肉、杂碎或动物血制香肠等产品：香肠制食品				
16010010	用天然肠衣做外包装的香肠及类似产品	11 024.26	－19.09	4 905.63	－55.50

8－5 续表 8

商品编码	商品名称	出口数量（吨）	出口数量比同期（%）	出口金额（万美元）	出口金额比同期（%）
16010020	其他香肠及类似产品	23 367.81	20.26	6 477.84	−72.28
16010030	用香肠制成的食品	167.14	−21.27	118.71	−28.97
16023991	未列名制作或保藏的鸭肉及食用杂碎	32 988.26	20.50	14 468.39	−56.14
16023210	鸡罐头	2 363.16	11.86	500.89	−78.80
16023291	其他制作或保藏的鸡胸肉	75 786.90	3.60	27 500.18	−63.71
16023292	其他制作或保藏的鸡腿肉	123 126.04	−7.53	52 392.77	−57.45
16023299	其他制作或保藏的鸡肉及食用杂碎	60 082.97	−1.12	26 568.87	−55.78
16023100	制作或保藏的火鸡	16.33	−80.37	6.73	−58.78
16023910	家禽肉及杂碎罐头	313.78	5.91	79.84	−74.56
16023999	未列名制作或保藏的家禽肉及食用杂碎	9.17	−7.14	5.65	−38.37
16024100	制作或保藏的猪后腿及其肉块	1 217.41	−10.60	842.73	−30.78
16024200	制作或保藏的猪前腿及其肉块	397.09	−7.75	154.25	−61.16
16024910	猪肉及杂碎罐头	29 013.29	−42.01	9 208.41	−68.26
16024990	其他制作或保藏的猪肉及杂碎	47 608.58	−23.46	20 839.34	−56.23
19011000	供婴幼儿食用的零售包装食品				
19012000	供焙烘 1905 所列面包糕饼用的调制品及面团	39 502.33	20.46	5 691.82	−85.59
19019000	麦精；未列名的食品	39 648.61	66.29	9 757.49	−75.39
19011010	供婴幼儿食用的零售包装配方奶粉，全脱脂可可含量低于 5%的乳品制	18 114.89	17.60	37 884.23	109.13
19011090	其他供婴幼儿食用的零售包装配方奶粉，全脱脂可可含量低于 40%的粉、淀粉或麦精制，或全脱脂可可含量低于 5%的乳品制	716.50	0.86	1 271.25	77.43
19010000	麦精；细粉、粗粒、粗粉、淀粉或麦精制的其他品目未列名的食品，不含可可或按质量计全脱脂可可含量低于 40%	0.00	−100.00	0.00	−100.00
23011010	肉骨粉				
23011011	含牛羊成分的肉骨粉				
23011019	其他动物的肉骨粉	121.22	−96.51	17.90	−85.24
23011020	油渣				

8-5 续表9

商品编码	商品名称	出口数量（吨）	出口数量比同期（%）	出口金额（万美元）	出口金额比同期（%）
23011090	其他非食用肉、杂碎的渣粉及团粒				
23012010	饲料用鱼粉	140.00	9.98	20.25	−85.54
23012090	其他非食用鱼、甲壳及软体动物等渣粉及团粒	160.00	−8.44	23.91	−85.06
41011000	干，干盐、鲜或湿盐重分别≤8、10、14千克整牛皮				
41012011	经逆鞣处理未剖层的整张牛皮，简单干燥的不超过8千克，干盐腌的不超过10千克，鲜的、湿盐腌的或以其他方法保藏的不超过16千克				
41012019	其他未剖层的整张牛皮，简单干燥的不超过8千克，干盐腌的不超过10千克，鲜的、湿盐腌的或以其他方法保藏的不超过16千克				
41012020	未剖层的整张马皮，简单干燥的不超过8千克，干盐腌的不超过10千克，鲜的、湿盐腌的或以其他方法保藏的不超过16千克	0.00	−100.00	0.00	−100.00
41012100	鲜的或湿盐渍的，超过14千克的整张牛皮				
41012200	鲜的或湿盐渍的整张或半张的背皮				
41012900	其他鲜的或湿盐渍牛皮				
41013000	经其他方面保藏的牛皮				
41014000	生马皮				
41015011	经逆鞣处理的整张牛皮，超过16千克				
41015019	其他超过16千克的整张牛皮				
41019011	其他经逆鞣处理的牛皮	6 018.99	−30.45	257.91	−95.72
41019019	其他牛皮	6 054.32	−9.59	831.84	−86.26
41019020	其他生马皮				
41021000	带毛的绵羊或羔羊生皮	48.24	84.48	4.61	−90.45
41022100	浸酸的不带毛的绵羊或羔羊生皮				
41022110	经逆鞣处理的浸酸的不带毛的绵羊或羔羊生皮				
41022190	其他浸酸的不带毛的绵羊或羔羊生皮	1 112.87	50.45	249.43	−77.59

8-5 续表 10

商品编码	商品名称	出口数量（吨）	出口数量比同期（%）	出口金额（万美元）	出口金额比同期（%）
41022900	其他不带毛的绵羊或羔羊生皮				
41022910	经逆鞣处理的不带毛的绵羊或羔羊生皮				
41022990	其他不带毛的绵羊或羔羊生皮				
41031010	山羊板皮				
41031090	其他山羊或小山羊皮				
41039011	经逆鞣处理的山羊板皮				
41039019	其他山羊板皮				
41039021	经逆鞣处理的山羊或小山羊皮	2.20		1.23	
41039029	其他山羊或小山羊皮	101.46	572.80	11.78	−88.39
41032000	爬行动物皮				
41033000	猪皮	0.00		0.08	
41039000	其他生皮				
41039090	其他生皮				
43011000	整张水貂皮，不论是否带头、尾或爪	8.05	381.58	202.07	2 409.56
43012000	整张兔皮，不论是否带头、尾或爪				
43013000	阿斯特拉罕等羔羊的整张毛皮				
43014000	整张海狸皮，不论是否带头、尾或爪				
43015000	整张麝鼠皮，不论是否带头、尾或爪				
43016000	整张狐皮，不论是否带头、尾或爪				
43017000	整张海豹皮，不论是否带头、尾或爪				
43018000	其他整张毛皮，不论是否带头、尾或爪				
43018010	整张兔皮	50.02	−40.01	3.89	−92.21
43018090	其他整张毛皮	65.20	−14.49	156.88	140.62
43019010	适合加工皮货用的黄鼠狼尾				
43019090	其他适合加工皮货用的头、尾、爪等块、片				
(5101)	未梳的羊毛	7 512.69	−17.94	3 174.98	−57.74
(5102)	未梳的动物细毛或粗毛	4.21	35.12	2.36	−43.91
(5103)	羊毛及动物细毛或粗毛的废料，包括废纱线	3 183.16	26.48	2 223.68	−30.14
(5104)	羊毛及动物细毛或粗毛的回收纤维	121.80	164.91	19.44	−84.04

8-5 续表 11

商品编码	商品名称	出口数量（吨）	出口数量比同期（%）	出口金额（万美元）	出口金额比同期（%）
(5105)	已梳的羊毛及动物细毛或粗毛（包括精梳片毛）	44 733.33	−13.93	76 543.98	71.11
(5106)	粗梳羊毛纱线，非供零售用	7 365.43	−18.07	16 707.79	126.84
(5107)	精梳羊毛纱线，非供零售用	14 215.00	−8.84	36 526.30	156.96
(5108)	动物细毛（粗梳或精梳）纱线，非供零售用	5 122.41	6.15	53 268.82	939.92
(5109)	羊毛或动物细毛的纱线，供零售用	1 320.40	−40.18	2 338.88	77.13
(5110)	动物粗毛或马毛的纱线，不论是否供零售用	42.72	−0.70	46.28	8.33
(5111)	粗梳羊毛或粗梳动物细毛的机织物	16 470.29	−15.78	12 457.83	−24.36
(5112)	精梳羊毛或精梳动物细毛的机织物	35 300.56	−6.06	32 379.73	−8.27
(5113)	动物粗毛或马毛的机织物	997.90	−11.00	266.51	−73.29

九、2018年世界畜产品进出口情况

9-1 肉类进口及排名

位次	国家（地区）	进口数量（吨）	位次	国家（地区）	进口金额（1 000美元）
	世界	47 788 160		世界	138 799 885
1	日本	3 527 260	1	日本	12 829 888
2	**中国**	**3 447 276**	**2**	**中国**	**9 465 888**
3	德国	2 628 875	3	德国	9 103 145
4	英国	2 528 550	4	英国	8 911 636
5	墨西哥	2 172 165	5	墨西哥	8 508 489
6	美国	2 122 882	6	美国	5 895 430
7	中国香港	1 892 406	7	中国香港	5 834 594
8	意大利	1 700 672	8	意大利	5 365 086
9	荷兰	1 609 355	9	荷兰	5 236 253
10	法国	1 517 519	10	法国	5 085 969
11	韩国	1 425 252	11	韩国	3 718 187
12	越南	1 354 244	12	越南	3 228 298
13	波兰	936 739	13	波兰	2 737 854
14	阿拉伯联合酋长国	883 474	14	阿拉伯联合酋长国	2 387 393
15	沙特阿拉伯	832 449	15	沙特阿拉伯	2 065 612
16	俄罗斯	781 044	16	俄罗斯	2 019 432
17	加拿大	685 872	17	加拿大	2 009 469
18	比利时	654 483	18	比利时	1 930 669
19	智利	612 366	19	智利	1 877 515
20	菲律宾	611 342	20	菲律宾	1 538 414

9－2 肉类出口及排名

位次	国家（地区）	出口数量（吨）	位次	国家（地区）	出口金额（1 000 美元）
	世界	49 534 437		世界	140 222 667
1	美国	7 595 328	1	美国	17 617 909
2	巴西	6 791 993	2	巴西	13 826 412
3	德国	3 405 762	3	荷兰	10 379 914
4	荷兰	3 400 636	4	德国	9 987 389
5	波兰	2 489 632	5	澳大利亚	9 530 201
6	西班牙	2 355 673	6	西班牙	6 873 472
7	澳大利亚	2 094 582	7	波兰	6 613 601
8	加拿大	1 833 038	8	新西兰	5 180 444
9	比利时	1 705 057	9	加拿大	5 113 266
10	丹麦	1 618 890	10	比利时	4 415 906
11	法国	1 287 533	11	爱尔兰	4 306 056
12	泰国	1 262 459	12	法国	4 041 451
13	印度	1 137 847	13	丹麦	4 003 281
14	爱尔兰	1 085 366	14	泰国	3 785 058
15	新西兰	1 022 004	15	印度	3 509 045
16	英国	914 749	16	意大利	3 312 918
17	**中国**	**893 581**	**17**	**中国**	**2 830 472**
18	中国香港	765 816	18	阿根廷	2 381 485
19	阿根廷	716 381	19	英国	2 238 815
20	意大利	648 776	20	墨西哥	1 880 474

9－3　猪肉进口及排名

位次	国家（地区）	进口数量（吨）	位次	国家（地区）	进口金额（1 000 美元）
	世界	11 566 074		世界	28 373 276
1	**中国**	**1 192 828**	1	日本	4 404 923
2	意大利	1 004 722	2	意大利	2 116 063
3	日本	925 002	**3**	**中国**	**2 073 936**
4	德国	923 469	4	韩国	1 734 130
5	墨西哥	885 746	5	德国	1 701 912
6	波兰	763 432	6	波兰	1 673 785
7	韩国	571 340	7	墨西哥	1 379 264
8	英国	433 518	8	美国	1 277 867
9	美国	402 182	9	英国	1 073 252
10	法国	295 437	10	法国	859 562
11	罗马尼亚	287 421	11	中国香港	674 622
12	捷克	278 384	12	捷克	670 837
13	中国香港	250 756	13	罗马尼亚	613 154
14	荷兰	220 832	14	荷兰	566 404
15	希腊	202 102	15	希腊	517 871
16	澳大利亚	157 256	16	澳大利亚	461 642
17	智利	154 003	17	加拿大	420 611
18	匈牙利	151 954	18	匈牙利	326 325
19	斯洛伐克	133 619	19	葡萄牙	325 015
20	奥地利	133 334	20	斯洛伐克	324 456

9-4 猪肉出口及排名

位次	国家（地区）	出口数量（吨）	位次	国家（地区）	出口金额（1 000 美元）
	世界	11 741 513		世界	28 438 312
1	美国	1 813 578	1	美国	4 601 992
2	德国	1 792 081	2	德国	4 416 827
3	西班牙	1 524 219	3	西班牙	4 029 142
4	丹麦	1 121 655	4	丹麦	2 614 512
5	加拿大	961 551	5	加拿大	2 425 907
6	荷兰	911 647	6	荷兰	2 144 742
7	比利时	692 004	7	比利时	1 365 030
8	巴西	550 401	8	巴西	1 071 485
9	波兰	505 561	9	波兰	1 024 592
10	法国	429 726	10	法国	887 048
11	英国	216 076	11	墨西哥	536 452
12	爱尔兰	186 853	12	爱尔兰	501 416
13	智利	149 193	13	智利	438 008
14	奥地利	147 428	14	奥地利	390 902
15	墨西哥	131 950	15	英国	386 300
16	匈牙利	128 544	16	匈牙利	319 554
17	意大利	77 544	**17**	**中国**	**195 305**
18	**中国**	**41 762**	18	意大利	193 416
19	中国香港	37 224	19	澳大利亚	90 402
20	澳大利亚	34 791	20	中国香港	85 304

9－5　牛肉进口及排名

位次	国家（地区）	进口数量（吨）	位次	国家（地区）	进口金额（1 000 美元）
	世界	9 700 235		世界	49 455 090
1	**中国**	**1 039 388**	1	美国	5 281 951
2	美国	967 065	**2**	**中国**	**4 799 624**
3	越南	620 924	3	日本	3 474 030
4	日本	607 458	4	韩国	2 691 923
5	中国香港	435 057	5	德国	2 326 806
6	韩国	415 478	6	意大利	2 294 778
7	荷兰	410 233	7	荷兰	2 262 990
8	意大利	386 273	8	越南	2 262 119
9	德国	361 619	9	中国香港	2 255 790
10	俄罗斯	344 878	10	法国	1 470 496
11	埃及	344 021	11	英国	1 456 644
12	英国	269 857	12	俄罗斯	1 263 606
13	法国	250 963	13	埃及	1 183 996
14	智利	222 523	14	智利	1 088 763
15	印度尼西亚	160 646	15	中国台湾	975 070
16	马来西亚	152 410	16	墨西哥	844 792
17	墨西哥	140 924	17	加拿大	817 576
18	阿拉伯联合酋长国	139 057	18	西班牙	797 097
19	加拿大	136 362	19	葡萄牙	656 723
20	菲律宾	129 587	20	阿拉伯联合酋长国	627 400

9-6 牛肉出口及排名

位次	国家（地区）	出口数量（吨）	位次	国家（地区）	出口金额（1 000 美元）
	世界	9 865 096		世界	49 537 688
1	巴西	1 353 665	1	美国	7 281 948
2	澳大利亚	1 176 795	2	澳大利亚	6 467 494
3	印度	1 111 025	3	巴西	5 458 166
4	美国	1 014 158	4	印度	3 382 725
5	荷兰	478 360	5	荷兰	3 302 923
6	新西兰	435 425	6	爱尔兰	2 324 719
7	波兰	390 505	7	新西兰	2 143 215
8	爱尔兰	372 716	8	阿根廷	1 931 877
9	阿根廷	365 653	9	加拿大	1 911 513
10	加拿大	351 203	10	波兰	1 719 881
11	乌拉圭	325 937	11	乌拉圭	1 626 374
12	德国	270 365	12	德国	1 472 966
13	巴拉圭	260 457	13	墨西哥	1 255 451
14	墨西哥	220 378	14	法国	1 131 855
15	法国	209 873	15	巴拉圭	1 099 183
16	西班牙	165 771	16	比利时	885 270
17	比利时	158 128	17	西班牙	792 133
18	白俄罗斯	150 694	18	意大利	641 814
19	意大利	123 564	19	英国	576 842
20	尼加拉瓜	111 987	20	白俄罗斯	543 650
72	**中国**	**434**	**69**	**中国**	**3 198**

9-7 绵羊肉进口及排名

位次	国家（地区）	进口数量（吨）	位次	国家（地区）	进口金额（1 000美元）
	世界	1 221 397		世界	7 694 346
1	**中国**	**318 772**	**1**	**中国**	**1 307 507**
2	美国	109 769	2	美国	933 129
3	法国	87 772	3	法国	570 218
4	英国	73 831	4	英国	483 354
5	阿拉伯联合酋长国	50 463	5	德国	477 240
6	德国	45 638	6	荷兰	412 622
7	荷兰	40 008	7	阿拉伯联合酋长国	291 341
8	伊朗	37 185	8	比利时	237 592
9	马来西亚	36 102	9	卡塔尔	221 419
10	沙特阿拉伯	32 830	10	伊朗	215 086
11	卡塔尔	31 044	11	日本	197 354
12	日本	24 154	12	马来西亚	180 474
13	意大利	23 584	13	沙特阿拉伯	177 285
14	比利时	23 249	14	加拿大	162 200
15	约旦	22 069	15	意大利	152 639
16	加拿大	20 138	16	约旦	141 817
17	中国台湾	18 544	17	韩国	128 294
18	韩国	15 869	18	瑞士	115 553
19	巴布亚新几内亚	13 574	19	中国台湾	103 333
20	新加坡	13 427	20	科威特	81 963

9-8 绵羊肉出口及排名

位次	国家（地区）	出口数量（吨）	位次	国家（地区）	出口金额（1 000 美元）
	世界	1 242 418		世界	7 634 686
1	澳大利亚	471 446	1	澳大利亚	2 666 519
2	新西兰	407 336	2	新西兰	2 632 531
3	英国	82 626	3	英国	486 915
4	爱尔兰	53 080	4	爱尔兰	358 763
5	西班牙	39 022	5	荷兰	346 614
6	荷兰	34 394	6	西班牙	199 660
7	印度	18 801	7	比利时	132 170
8	比利时	12 956	8	印度	113 884
9	俄罗斯	12 373	9	乌拉圭	69 028
10	乌拉圭	12 322	10	德国	66 773
11	罗马尼亚	9 123	11	法国	61 400
12	法国	8 881	12	俄罗斯	58 178
13	格鲁吉亚	6 618	13	罗马尼亚	42 953
14	德国	6 134	14	格鲁吉亚	36 416
15	希腊	5 488	15	智利	34 683
16	智利	5 377	16	希腊	33 741
17	埃塞俄比亚	4 959	17	埃塞俄比亚	25 544
18	蒙古	4 674	18	意大利	23 275
19	意大利	3 927	19	冰岛	21 091
20	美国	3 496	20	美国	18 419
32	**中国**	**1 350**	**24**	**中国**	**13 832**

9－9　山羊肉进口及排名

位次	国家（地区）	进口数量（吨）	位次	国家（地区）	进口金额（1 000 美元）
	世界	57 613		世界	335 166
1	阿拉伯联合酋长国	16 458	1	美国	99 588
2	美国	15 105	2	阿拉伯联合酋长国	94 736
3	阿曼	3 198	3	阿曼	12 960
4	卡塔尔	3 032	4	中国香港	12 553
5	中国台湾	2 538	5	中国台湾	11 474
6	沙特阿拉伯	2 008	6	沙特阿拉伯	11 010
7	葡萄牙	1 661	7	葡萄牙	10 727
8	越南	1 535	8	韩国	10 327
9	韩国	1 467	9	卡塔尔	9 428
10	中国香港	1 376	10	意大利	8 868
11	意大利	1 123	11	加拿大	6 883
12	法国	1 041	12	法国	5 739
13	加拿大	1 014	13	西班牙	5 138
14	特立尼达和多巴哥	874	14	特立尼达和多巴哥	4 876
15	西班牙	444	15	越南	3 570
16	日本	411	16	日本	2 821
17	索马里	378	17	中国澳门	2 301
18	**中国**	**264**	18	瑞士	2 253
19	中国澳门	224	19	索马里	1 776
20	斯里兰卡	219	20	德国	1 752
			21	**中国**	**1 561**

9－10 山羊肉出口及排名

位次	国家（地区）	出口数量（吨）	位次	国家（地区）	出口金额（1 000 美元）
	世界	56 999		世界	334 764
1	澳大利亚	21 099	1	澳大利亚	136 296
2	埃塞俄比亚	11 038	2	埃塞俄比亚	59 389
3	肯尼亚	6 037	3	肯尼亚	32 920
4	西班牙	2 942	**4**	**中国**	**20 755**
5	法国	2 496	5	法国	20 445
6	**中国**	**1 944**	6	西班牙	13 047
7	蒙古	1 457	7	巴基斯坦	8 379
8	巴基斯坦	1 349	8	希腊	7 867
9	希腊	1 243	9	新西兰	7 332
10	新西兰	1 184	10	苏丹	3 295
11	坦桑尼亚	1 009	11	坦桑尼亚	3 246
12	阿拉伯联合酋长国	923	12	阿拉伯联合酋长国	2 855
13	苏丹	667	13	荷兰	2 699
14	索马里	591	14	蒙古	2 643
15	荷兰	580	15	墨西哥	2 579
16	罗马尼亚	501	16	索马里	1 902
17	意大利	390	17	意大利	1 726
18	美国	371	18	罗马尼亚	1 544
19	墨西哥	324	19	美国	1 313
20	沙特阿拉伯	180	20	爱尔兰	899

9-11 鸡肉进口及排名

位次	国家（地区）	进口数量（吨）	位次	国家（地区）	进口金额（1 000 美元）
	世界	13 286 701		世界	22 424 036
1	墨西哥	803 932	1	英国	1 374 831
2	中国香港	672 694	2	德国	1 333 267
3	沙特阿拉伯	621 589	3	中国香港	1 225 610
4	阿拉伯联合酋长国	591 186	4	沙特阿拉伯	1 208 450
5	越南	563 089	5	日本	1 188 151
6	日本	560 381	**6**	**中国**	**1 135 156**
7	**中国**	**502 221**	7	法国	1 073 155
8	德国	496 552	8	荷兰	932 958
9	南非	487 157	9	墨西哥	747 727
10	伊拉克	449 730	10	阿拉伯联合酋长国	745 486
11	法国	383 588	11	越南	722 553
12	英国	382 643	12	伊拉克	654 595
13	荷兰	380 381	13	南非	417 529
14	安哥拉	322 678	14	比利时	367 445
15	古巴	279 486	15	俄罗斯	352 723
16	菲律宾	276 597	16	安哥拉	340 970
17	俄罗斯	216 866	17	古巴	304 888
18	中国台湾	214 179	18	加拿大	301 982
19	比利时	208 579	19	爱尔兰	300 131
20	加纳	201 813	20	科威特	286 200

9-12 鸡肉出口及排名

位次	国家（地区）	出口数量（吨）	位次	国家（地区）	出口金额（1 000 美元）
	世界	14 309 550		世界	22 486 245
1	巴西	3 822 702	1	巴西	5 884 972
2	美国	3 305 143	2	美国	3 203 753
3	荷兰	1 225 549	3	荷兰	2 572 567
4	波兰	812 485	4	波兰	1 657 933
5	中国香港	540 490	5	比利时	929 361
6	比利时	531 847	6	中国香港	891 710
7	土耳其	455 336	7	泰国	681 908
8	乌克兰	328 447	8	德国	649 072
9	英国	299 100	9	法国	563 386
10	德国	290 396	10	土耳其	553 128
11	法国	280 923	11	乌克兰	503 887
12	泰国	274 353	**12**	**中国**	**463 984**
13	俄罗斯	179 551	13	英国	304 734
14	**中国**	**177 285**	14	智利	290 404
15	西班牙	172 200	15	西班牙	289 158
16	白俄罗斯	163 779	16	白俄罗斯	250 987
17	阿根廷	162 443	17	阿根廷	238 736
18	智利	102 272	18	意大利	193 763
19	匈牙利	88 994	19	俄罗斯	184 615
20	加拿大	88 028	20	匈牙利	181 891

9-13　火鸡肉进口及排名

位次	国家（地区）	进口数量（吨）	位次	国家（地区）	进口金额（1 000 美元）
	世界	920 053		世界	2 377 576
1	墨西哥	156 262	1	德国	364 114
2	德国	121 111	2	墨西哥	308 822
3	贝宁	42 006	3	英国	148 027
4	英国	40 985	4	奥地利	136 192
5	西班牙	37 411	5	西班牙	113 295
6	比利时	32 255	6	法国	110 563
7	法国	29 320	7	比利时	102 907
8	奥地利	29 199	8	葡萄牙	80 190
9	南非	26 300	9	荷兰	73 706
10	葡萄牙	23 300	10	捷克	63 640
11	荷兰	21 798	11	罗马尼亚	53 552
12	罗马尼亚	18 829	12	爱尔兰	50 160
13	捷克	17 209	13	希腊	48 809
14	加蓬	14 463	14	意大利	47 141
15	希腊	13 230	15	瑞士	44 007
16	智利	12 763	16	贝宁	39 584
17	意大利	12 720	17	南非	34 861
18	刚果（金）	11 664	18	智利	34 687
19	安哥拉	11 377	19	丹麦	25 481
20	爱尔兰	11 286	20	美国	23 353
70	**中国**	**1 705**	**53**	**中国**	**4 957**

9-14 火鸡肉出口及排名

位次	国家（地区）	出口数量（吨）	位次	国家（地区）	出口金额（1 000 美元）
	世界	934 400		世界	2 319 175
1	美国	219 316	1	波兰	486 244
2	波兰	153 292	2	美国	412 673
3	德国	100 995	3	德国	336 014
4	法国	67 858	4	意大利	178 565
5	意大利	64 601	5	法国	158 987
6	巴西	62 749	6	匈牙利	121 189
7	西班牙	48 170	7	巴西	115 535
8	匈牙利	34 197	8	西班牙	104 934
9	智利	25 803	9	智利	66 692
10	英国	23 709	10	荷兰	51 616
11	荷兰	23 585	11	奥地利	46 869
12	加拿大	19 151	12	英国	39 724
13	比利时	18 942	13	爱尔兰	33 783
14	爱尔兰	11 495	14	比利时	30 340
15	奥地利	9 861	15	加拿大	23 054
16	土耳其	9 756	16	土耳其	14 095
17	葡萄牙	3 946	17	丹麦	10 466
18	俄罗斯	3 496	18	罗马尼亚	9 840
19	罗马尼亚	3 477	19	克罗地亚	7 753
20	哈萨克斯坦	2 602	20	斯洛文尼亚	6 464
65	**中国**	**7**	**67**	**中国**	**18**

9-15 鸭肉进口及排名

位次	国家（地区）	进口数量（吨）	位次	国家（地区）	进口金额（1 000美元）
	世界	190 970		世界	682 331
1	德国	40 901	1	德国	153 846
2	中国香港	31 013	2	法国	72 264
3	法国	15 921	3	中国香港	58 830
4	英国	10 693	4	日本	41 221
5	捷克	8 912	5	比利时	39 710
6	越南	8 160	6	英国	37 911
7	比利时	7 077	7	西班牙	30 569
8	西班牙	6 757	8	丹麦	29 578
9	日本	6 608	9	捷克	22 945
10	丹麦	6 429	10	荷兰	16 819
11	荷兰	3 401	11	越南	16 028
12	奥地利	2 821	12	瑞士	15 983
13	罗马尼亚	2 671	13	奥地利	9 519
14	中国澳门	2 659	14	美国	8 992
15	哈萨克斯坦	2 589	15	罗马尼亚	8 498
16	意大利	2 478	16	加拿大	7 910
17	新加坡	2 442	17	新加坡	7 873
18	塔吉克斯坦	2 212	18	意大利	7 780
19	葡萄牙	2 196	19	中国澳门	7 044
20	加拿大	2 123	20	葡萄牙	6 052

9-16　鸭肉出口及排名

位次	国家（地区）	出口数量（吨）	位次	国家（地区）	出口金额（1 000 美元）
	世界	255 839		世界	905 143
1	中国香港	55 171	1	法国	208 310
2	匈牙利	49 221	2	匈牙利	181 899
3	**中国**	**31 821**	3	中国香港	104 655
4	法国	31 532	4	保加利亚	86 848
5	荷兰	18 321	**5**	**中国**	**65 266**
6	保加利亚	10 647	6	荷兰	52 365
7	德国	9 407	7	德国	29 894
8	波兰	9 006	8	波兰	27 185
9	英国	7 612	9	比利时	24 472
10	泰国	4 528	10	英国	20 428
11	比利时	3 856	11	泰国	17 244
12	美国	3 532	12	加拿大	12 529
13	捷克	3 019	13	美国	12 047
14	巴西	2 968	14	捷克	10 569
15	韩国	2 627	15	巴西	8 010
16	葡萄牙	1 697	16	丹麦	6 391
17	丹麦	1 640	17	西班牙	5 757
18	爱尔兰	1 427	18	韩国	4 818
19	中国台湾	1 388	19	葡萄牙	4 620
20	加拿大	1 220	20	爱尔兰	3 551

9-17　鹅肉和珍珠鸡肉进口及排名

位次	国家（地区）	进口数量（吨）	位次	国家（地区）	进口金额（1 000美元）
	世界	50 587		世界	250 381
1	德国	21 978	1	德国	135 005
2	中国香港	14 664	2	中国香港	45 813
3	法国	3 423	3	法国	19 967
4	奥地利	1 759	4	奥地利	9 100
5	捷克	1 741	5	捷克	8 767
6	中国澳门	796	6	中国澳门	4 712
7	意大利	673	7	意大利	2 719
8	智利	597	8	匈牙利	2 490
9	英国	452	9	英国	2 072
10	沙特阿拉伯	397	10	比利时	2 019
11	斯洛伐克	387	11	斯洛伐克	1 558
12	匈牙利	351	12	罗马尼亚	1 193
13	罗马尼亚	286	13	阿拉伯联合酋长国	1 079
14	波兰	248	14	波兰	1 031
15	荷兰	236	15	西班牙	942
16	科威特	209	16	荷兰	868
17	西班牙	207	17	丹麦	867
18	比利时	188	18	瑞典	671
19	丹麦	152	19	沙特阿拉伯	598
20	阿拉伯联合酋长国	149	20	爱尔兰	594

9-18　鹅肉和珍珠鸡肉出口及排名

位次	国家（地区）	出口数量（吨）	位次	国家（地区）	出口金额（1 000 美元）
	世界	57 029		世界	313 963
1	波兰	19 274	1	匈牙利	120 461
2	匈牙利	16 388	2	波兰	109 702
3	**中国**	**11 748**	**3**	**中国**	**49 845**
4	阿拉伯联合酋长国	6 277	4	阿拉伯联合酋长国	15 223
5	德国	1 538	5	德国	7 369
6	中国香港	323	6	法国	2 227
7	乌克兰	218	7	乌克兰	2 166
8	法国	217	8	中国香港	1 602
9	奥地利	172	9	比利时	1 272
10	斯洛文尼亚	171	10	奥地利	1 098
11	比利时	124	11	英国	745
12	英国	114	12	荷兰	519
13	美国	85	13	丹麦	373
14	荷兰	71	14	美国	222
15	丹麦	67	15	科威特	220
16	科威特	58	16	斯洛文尼亚	196
17	保加利亚	35	17	爱尔兰	139
18	爱尔兰	29	18	罗马尼亚	106
19	意大利	27	19	捷克	77
20	罗马尼亚	18	20	卢森堡	58

9-19 兔肉进口及排名

位次	国家（地区）	进口数量（吨）	位次	国家（地区）	进口金额（1 000美元）
	世界	29 344		世界	146 765
1	德国	7 142	1	德国	42 847
2	比利时	3 829	2	比利时	19 678
3	葡萄牙	3 073	3	葡萄牙	12 448
4	意大利	2 323	4	意大利	9 943
5	法国	2 056	5	瑞士	7 544
6	西班牙	1 535	6	法国	6 618
7	美国	1 279	7	捷克	6 042
8	捷克	1 221	8	美国	5 372
9	瑞士	929	9	西班牙	5 186
10	荷兰	819	10	波兰	4 730
11	波兰	801	11	荷兰	4 638
12	俄罗斯	700	12	俄罗斯	3 311
13	斯洛伐克	374	13	卢森堡	2 179
14	罗马尼亚	351	14	立陶宛	2 084
15	马耳他	312	15	斯洛伐克	2 025
16	保加利亚	310	16	罗马尼亚	1 852
17	立陶宛	300	17	马耳他	1 484
18	卢森堡	272	18	保加利亚	1 381
19	希腊	267	19	希腊	1 174
20	越南	252	20	英国	1 018

9 - 20 兔肉出口及排名

位次	国家（地区）	出口数量（吨）	位次	国家（地区）	出口金额（1 000 美元）
	世界	31 515		世界	160 332
1	**中国**	**5 964**	**1**	**中国**	**28 608**
2	西班牙	5 388	2	匈牙利	28 052
3	法国	5 188	3	法国	26 172
4	匈牙利	4 397	4	西班牙	24 275
5	比利时	4 188	5	比利时	23 247
6	意大利	1 986	6	阿根廷	7 088
7	阿根廷	924	7	意大利	5 446
8	葡萄牙	612	8	荷兰	3 193
9	荷兰	532	9	葡萄牙	3 031
10	阿拉伯联合酋长国	519	10	波兰	2 221
11	波兰	422	11	德国	1 832
12	捷克	355	12	捷克	1 646
13	德国	321	13	阿拉伯联合酋长国	1 515
14	立陶宛	158	14	立陶宛	1 282
15	加拿大	152	15	乌拉圭	876
16	乌拉圭	111	16	智利	479
17	美国	96	17	加拿大	459
18	智利	61	18	美国	173
19	中国香港	26	19	俄罗斯	154
20	奥地利	21	20	奥地利	133

9－21　带壳鸡蛋进口及排名

位次	国家（地区）	进口数量（吨）	位次	国家（地区）	进口金额（1 000 美元）
	世界	2 221 530		世界	4 013 243
1	德国	412 783	1	德国	733 785
2	伊拉克	327 441	2	伊拉克	433 422
3	荷兰	242 547	3	荷兰	389 045
4	中国香港	165 322	4	俄罗斯	208 213
5	新加坡	106 657	5	中国香港	207 040
6	阿拉伯联合酋长国	87 973	6	墨西哥	172 955
7	俄罗斯	74 836	7	比利时	145 637
8	法国	60 790	8	新加坡	134 005
9	加拿大	49 396	9	阿拉伯联合酋长国	103 499
10	墨西哥	46 059	10	加拿大	102 289
11	意大利	44 851	11	法国	95 214
12	阿富汗	41 286	12	沙特阿拉伯	60 647
13	卡塔尔	34 735	13	意大利	58 611
14	比利时	30 441	14	阿曼	57 904
15	瑞士	28 152	15	瑞士	57 548
16	阿曼	27 391	16	卡塔尔	50 880
17	奥地利	26 958	17	奥地利	42 485
18	以色列	23 855	18	利比亚	37 693
19	伊朗	19 853	19	阿富汗	35 655
20	捷克	19 817	20	以色列	33 665
180	**中国**	**1**	**180**	**中国**	**13**

9-22 带壳鸡蛋出口及排名

位次	国家（地区）	出口数量（吨）	位次	国家（地区）	出口金额（1 000 美元）
	世界	2 422 972		世界	3 855 630
1	荷兰	453 020	1	荷兰	774 955
2	土耳其	360 880	2	美国	438 781
3	波兰	203 493	3	土耳其	430 233
4	美国	146 611	4	德国	299 577
5	比利时	134 805	5	波兰	281 814
6	德国	134 178	6	比利时	187 523
7	马来西亚	125 066	7	西班牙	173 675
8	西班牙	108 485	8	马来西亚	142 472
9	乌克兰	107 501	**9**	**中国**	**110 266**
10	约旦	72 343	10	英国	102 862
11	**中国**	**70 424**	11	乌克兰	94 120
12	乌兹别克斯坦	56 833	12	法国	82 091
13	白俄罗斯	33 933	13	巴西	73 520
14	俄罗斯	33 110	14	印度	44 696
15	印度	30 540	15	捷克	42 245
16	法国	29 777	16	匈牙利	34 369
17	哈萨克斯坦	26 226	17	保加利亚	34 105
18	巴西	23 824	18	俄罗斯	34 053
19	泰国	20 932	19	泰国	31 534
20	英国	18 417	20	白俄罗斯	29 455

9 - 23 全脂奶粉进口及排名

位次	国家（地区）	进口数量（吨）	位次	国家（地区）	进口金额（1 000 美元）
	世界	2 983 276		世界	11 498 520
1	**中国**	**521 001**	**1**	**中国**	**1 819 347**
2	阿尔及利亚	271 302	2	中国香港	1 428 299
3	阿拉伯联合酋长国	199 180	3	阿尔及利亚	887 261
4	沙特阿拉伯	110 831	4	阿拉伯联合酋长国	584 454
5	中国香港	103 732	5	委内瑞拉	578 463
6	斯里兰卡	84 861	6	沙特阿拉伯	366 329
7	阿曼	80 960	7	斯里兰卡	294 727
8	孟加拉国	79 268	8	孟加拉国	274 296
9	尼日利亚	70 000	9	阿曼	253 768
10	巴西	67 645	10	尼日利亚	240 000
11	新加坡	66 177	11	伊拉克	216 638
12	委内瑞拉	60 008	12	巴西	204 144
13	马来西亚	59 867	13	马来西亚	201 759
14	泰国	59 677	14	新加坡	196 374
15	印度尼西亚	59 266	15	泰国	181 403
16	越南	54 473	16	越南	181 097
17	荷兰	53 353	17	印度尼西亚	172 384
18	古巴	49 192	18	荷兰	165 315
19	伊拉克	48 751	19	索马里	162 909
20	比利时	41 974	20	比利时	148 726

9-24 全脂奶粉出口及排名

位次	国家（地区）	出口数量（吨）	位次	国家（地区）	出口金额（1 000 美元）
	世界	2 895 718		世界	10 309 401
1	新西兰	1 377 830	1	新西兰	4 254 828
2	荷兰	170 850	2	中国香港	994 280
3	阿拉伯联合酋长国	151 615	3	荷兰	703 798
4	乌拉圭	142 934	4	阿拉伯联合酋长国	616 199
5	阿根廷	122 160	5	乌拉圭	425 257
6	比利时	82 772	6	阿根廷	362 938
7	法国	73 302	7	法国	274 410
8	英国	66 063	8	澳大利亚	257 982
9	德国	64 899	9	德国	234 932
10	爱尔兰	59 971	10	比利时	223 165
11	阿曼	59 402	11	阿曼	216 985
12	澳大利亚	54 918	12	爱尔兰	184 875
13	美国	48 320	13	丹麦	170 752
14	中国香港	46 973	14	英国	167 148
15	丹麦	45 156	15	马来西亚	127 886
16	新加坡	44 847	16	美国	126 465
17	马来西亚	39 780	17	新加坡	115 638
18	白俄罗斯	32 356	18	白俄罗斯	88 521
19	瑞典	24 854	19	瑞典	78 570
20	墨西哥	23 105	20	墨西哥	72 735
41	**中国**	**1 760**	**43**	**中国**	**6 485**

9－25　动物毛（细）进口及排名

位次	国家（地区）	进口数量（吨）	位次	国家（地区）	进口金额（1 000 美元）
	世界	11 712		世界	204 811
1	**中国**	**8 193**	**1**	**中国**	**128 757**
2	意大利	736	2	意大利	28 278
3	南非	449	3	南非	7 660
4	英国	410	4	英国	7 188
5	德国	336	5	德国	6 529
6	比利时	277	6	印度	5 193
7	玻利维亚	209	7	韩国	3 709
8	日本	138	8	美国	3 407
9	蒙古	116	9	日本	2 294
10	韩国	104	10	玻利维亚	2 278
11	美国	99	11	土耳其	1 650
12	叙利亚	93	12	奥地利	1 587
13	阿拉伯联合酋长国	93	13	葡萄牙	924
14	印度	77	14	捷克	850
15	葡萄牙	77	15	比利时	825
16	奥地利	70	16	新西兰	531
17	加拿大	51	17	菲律宾	359
18	土耳其	49	18	泰国	325
19	新西兰	39	19	蒙古	300
20	瑞士	15	20	波兰	256

9-26 动物毛（细）出口及排名

位次	国家（地区）	出口数量（吨）	位次	国家（地区）	出口金额（1 000 美元）
	世界	13 892		世界	316 917
1	蒙古	9 495	1	蒙古	281 085
2	阿富汗	2 145	2	阿富汗	12 662
3	阿曼	523	3	南非	4 121
4	比利时	317	4	德国	3 471
5	南非	226	5	葡萄牙	2 715
6	沙特阿拉伯	175	6	英国	2 665
7	德国	142	7	比利时	2 660
8	巴基斯坦	121	8	澳大利亚	1 629
9	英国	120	9	新西兰	967
10	澳大利亚	109	10	玻利维亚	904
11	阿拉伯联合酋长国	93	11	意大利	884
12	美国	68	12	捷克	835
13	玻利维亚	59	13	阿根廷	636
14	哈萨克斯坦	59	14	瑞士	257
15	意大利	45	15	阿曼	222
16	土库曼斯坦	38	16	美国	216
17	新西兰	33	17	瑞典	159
18	葡萄牙	33	18	巴基斯坦	145
19	捷克	15	19	西班牙	113
20	俄罗斯	14	20	莱索托	78
27	**中国**	**3**	**25**	**中国**	**42**

9-27 原毛进口及排名

位次	国家（地区）	进口数量（吨）	位次	国家（地区）	进口金额（1 000美元）
	世界	485 574		世界	3 946 761
1	**中国**	**267 686**	**1**	**中国**	**2 943 962**
2	印度	34 673	2	捷克	244 110
3	捷克	33 968	3	意大利	235 214
4	埃及	30 472	4	印度	215 124
5	土耳其	24 015	5	乌拉圭	66 078
6	意大利	19 001	6	埃及	61 600
7	乌拉圭	17 011	7	保加利亚	34 138
8	英国	13 913	8	马来西亚	23 532
9	比利时	9 709	9	英国	19 676
10	保加利亚	5 600	10	中国台湾	19 583
11	马来西亚	4 300	11	土耳其	17 972
12	白俄罗斯	2 903	12	毛里求斯	13 245
13	葡萄牙	2 627	13	比利时	12 970
14	中国台湾	1 797	14	德国	6 801
15	蒙古	1 384	15	美国	5 950
16	西班牙	1 339	16	白俄罗斯	4 359
17	毛里求斯	1 222	17	西班牙	3 264
18	塞尔维亚	1 005	18	南非	2 698
19	波兰	973	19	葡萄牙	2 085
20	德国	972	20	波兰	1 457

9－28　原毛出口及排名

位次	国家（地区）	出口数量（吨）	位次	国家（地区）	出口金额（1 000 美元）
	世界	553 737		世界	3 700 012
1	澳大利亚	285 916	1	澳大利亚	2 699 574
2	南非	45 008	2	南非	387 365
3	新西兰	41 752	3	新西兰	188 136
4	罗马尼亚	14 877	4	阿根廷	56 797
5	西班牙	13 702	5	乌拉圭	52 938
6	阿根廷	10 483	6	西班牙	40 601
7	意大利	10 172	7	秘鲁	35 030
8	秘鲁	9 963	8	巴西	28 415
9	乌拉圭	8 361	9	莱索托	22 217
10	法国	7 974	10	美国	19 974
11	英国	7 370	11	英国	17 843
12	巴西	7 230	12	智利	14 491
13	比利时	7 181	13	比利时	14 141
14	爱尔兰	6 678	14	法国	12 250
15	美国	6 018	15	意大利	10 427
16	沙特阿拉伯	5 539	16	罗马尼亚	10 290
17	摩洛哥	5 530	17	爱尔兰	8 287
18	哈萨克斯坦	5 155	18	匈牙利	7 167
19	利比亚	3 891	19	德国	6 724
20	挪威	3 813	20	俄罗斯	6 552

十、2018年世界畜产品生产情况

10-1 肉类总产量及排名

位次	国家（地区）	肉类总产量（吨）
	世界	342 422 466
1	**中国**	**86 463 014**
2	美国	46 832 946
3	巴西	29 341 250
4	俄罗斯	10 629 378
5	德国	8 188 920
6	印度	7 454 329
7	墨西哥	7 051 277
8	西班牙	7 028 021
9	阿根廷	5 930 063
10	法国	5 621 700
11	越南	5 227 733
12	加拿大	4 893 195
13	澳大利亚	4 658 530
14	波兰	4 462 900
15	英国	4 087 453
16	日本	4 016 429
17	巴基斯坦	3 870 230
18	土耳其	3 668 362
19	意大利	3 667 805
20	菲律宾	3 641 656

10－2 猪肉生产及排名

位次	国家（地区）	屠宰数（头）	国家（地区）	胴体重（千克/头）	国家（地区）	产量（吨）
	世界	1 484 492 840	世界	81.4	世界	120 881 269
1	**中国**	**684 960 476**	波多黎各（美）	165.0	**中国**	**54 037 400**
2	美国	124 512 300	塔吉克斯坦	165.0	美国	11 942 965
3	德国	56 895 229	乌兹别克斯坦	165.0	德国	5 369 944
4	西班牙	52 289 200	特立尼达和多巴哥	143.3	西班牙	4 530 474
5	越南	49 743 746	意大利	130.7	越南	3 816 414
6	巴西	42 642 601	马来西亚	126.9	巴西	3 787 660
7	俄罗斯	41 746 342	圭亚那	110.2	俄罗斯	3 744 170
8	菲律宾	27 712 985	厄瓜多尔	108.3	法国	2 166 417
9	法国	23 574 409	黑山	105.4	加拿大	2 142 283
10	波兰	22 779 899	智利	103.9	波兰	2 135 800
11	加拿大	21 561 500	中国台湾	102.6	菲律宾	1 873 063
12	墨西哥	18 526 707	安提瓜和巴布达	100.0	丹麦	1 583 247
13	丹麦	18 085 605	加拿大	99.4	墨西哥	1 502 521
14	韩国	17 369 000	奥地利	98.9	意大利	1 470 671
15	印度尼西亚	16 476 007	斯洛文尼亚	96.2	荷兰	1 461 345
16	日本	16 430 235	荷兰	95.9	韩国	1 324 718
17	荷兰	15 246 163	美国	95.9	日本	1 284 225
18	泰国	13 362 014	比利时	95.6	比利时	1 073 121
19	缅甸	12 506 464	南非	94.7	缅甸	1 063 087
20	意大利	11 251 367	德国	94.4	泰国	999 227
57			**中国**	**78.9**		

10－3　牛肉生产及排名

位次	国家（地区）	屠宰数（头）	国家（地区）	胴体重（千克/头）	国家（地区）	产量（吨）
	世界	302 150 272	世界	222.9	世界	67 362 625
1	巴西	39 602 000	日本	444.4	美国	12 219 203
2	**中国**	**39 577 320**	印度尼西亚	432.9	巴西	9 900 000
3	美国	33 703 400	伊朗	430.8	**中国**	**5 796 540**
4	阿根廷	13 452 831	新加坡	418.5	阿根廷	3 066 000
5	印度	9 202 631	中国澳门	405.7	澳大利亚	2 219 103
6	墨西哥	8 139 331	卢森堡	366.4	墨西哥	1 980 846
7	俄罗斯	7 942 509	美国	362.6	俄罗斯	1 608 136
8	澳大利亚	7 913 300	奥地利	336.7	法国	1 436 358
9	乌兹别克斯坦	5 608 000	爱尔兰	336.6	加拿大	1 231 352
10	巴基斯坦	5 032 531	安提瓜和巴布达	336.0	德国	1 123 452
11	法国	4 606 676	加拿大	335.1	土耳其	1 003 859
12	新西兰	4 373 074	马来西亚	328.7	南非	1 003 214
13	哥伦比亚	4 072 898	英国	328.0	巴基斯坦	985 000
14	埃塞俄比亚	3 750 444	韩国	325.5	印度	947 873
15	乍得	3 699 596	德国	322.6	乌兹别克斯坦	922 364
16	加拿大	3 674 800	瑞典	321.6	英国	922 000
17	苏丹	3 553 000	芬兰	313.3	哥伦比亚	885 929
18	坦桑尼亚	3 531 743	塞浦路斯	312.9	意大利	786 890
19	德国	3 482 219	爱沙尼亚	312.9	新西兰	676 530
20	土耳其	3 426 180	比利时	312.3	西班牙	669 008
159			**中国**	**146.5**		

10－4 水牛肉生产及排名

位次	国家（地区）	屠宰数（头）	国家（地区）	胴体重（千克/头）	国家（地区）	产量（吨）
	世界	27 798 474	世界	152.8	世界	4 247 325
1	印度	12 011 480	印度尼西亚	450.0	印度	1 662 383
2	巴基斯坦	7 426 000	马来西亚	450.0	巴基斯坦	949 000
3	**中国**	**4 397 480**	埃及	343.9	**中国**	**644 060**
4	埃及	1 109 242	伊朗	318.7	埃及	381 520
5	尼泊尔	808 648	希腊	251.4	尼泊尔	185 180
6	菲律宾	467 550	泰国	247.1	菲律宾	102 183
7	越南	414 193	伊拉克	234.5	越南	92 111
8	缅甸	352 519	尼泊尔	229.0	印度尼西亚	66 859
9	老挝	178 592	文莱	226.5	缅甸	50 770
10	印度尼西亚	148 576	越南	222.4	泰国	28 159
11	泰国	113 980	菲律宾	218.5	意大利	22 328
12	意大利	109 311	中国台湾	216.7	老挝	19 716
13	孟加拉国	85 176	土耳其	213.8	柬埔寨	9 168
14	柬埔寨	57 299	意大利	204.3	伊朗	8 036
15	斯里兰卡	34 042	保加利亚	203.3	孟加拉国	6 829
16	伊拉克	25 991	叙利亚	181.0	伊拉克	6 094
17	伊朗	25 215	柬埔寨	160.0	马来西亚	5 303
18	马来西亚	11 785	中国澳门	150.0	斯里兰卡	3 847
19	东帝汶	7 293	**中国**	**146.5**	希腊	1 216
20	印度	4 838	缅甸	144.0	东帝汶	729

10－5 山羊肉生产及排名

位次	国家（地区）	屠宰数（头）	国家（地区）	胴体重（千克/头）	国家（地区）	产量（吨）
	世界	479 137 283	世界	12.5	世界	5 978 156
1	**中国**	**153 701 940**	马来西亚	35.0	**中国**	**2 327 843**
2	印度	50 407 070	叙利亚	34.0	印度	504 501
3	孟加拉国	31 855 678	厄瓜多尔	32.2	巴基斯坦	344 000
4	尼日利亚	26 310 016	佛得角	29.8	尼日利亚	250 436
5	巴基斯坦	20 028 279	中国台湾	28.2	孟加拉国	223 101
6	苏丹	13 343 000	卢旺达	25.3	乍得	120 364
7	伊朗	12 189 313	阿曼	25.0	苏丹	119 000
8	乍得	10 025 357	玻利维亚	24.8	马里	104 535
9	埃塞俄比亚	10 000 488	科威特	24.7	伊朗	93 003
10	马里	7 468 435	尼日尔	22.8	缅甸	91 685
11	印度尼西亚	7 188 807	埃及	21.8	埃塞俄比亚	84 993
12	南苏丹	7 163 559	吉尔吉斯斯坦	21.7	蒙古	83 623
13	马拉维	6 534 336	比利时	21.5	尼泊尔	70 802
14	也门	6 208 310	巴勒斯坦	21.5	也门	70 457
15	蒙古	6 042 382	塞浦路斯	20.9	土耳其	69 877
16	尼泊尔	5 987 110	斯里兰卡	20.0	印度尼西亚	66 859
17	缅甸	5 854 824	伊拉克	19.9	菲律宾	60 555
18	布基纳法索	5 018 690	特立尼达和多巴哥	19.7	阿拉伯联合酋长国	54 818
19	肯尼亚	4 822 492	阿尔巴尼亚	19.2	马拉维	51 723
20	土耳其	4 646 544	爱沙尼亚	19.0	南苏丹	47 731
42			**中国**	**15.1**		

10-6 绵羊肉生产及排名

位次	国家（地区）	屠宰数（头）	国家（地区）	胴体重（千克/头）	国家（地区）	产量（吨）
	世界	573 806 844	世界	17.1	世界	9 790 262
1	**中国**	**141 575 107**	马来西亚	153.9	**中国**	**2 422 857**
2	澳大利亚	31 828 400	格鲁吉亚	40.9	澳大利亚	735 009
3	新西兰	23 961 956	黑山	39.8	新西兰	470 813
4	土耳其	22 627 714	叙利亚	39.6	土耳其	362 560
5	印度	19 154 944	伊朗	36.0	阿尔及利亚	325 008
6	阿尔及利亚	17 558 938	巴巴多斯	35.2	伊朗	320 678
7	尼日利亚	17 250 190	卢旺达	34.9	英国	289 000
8	苏丹	15 400 000	埃及	31.6	苏丹	264 000
9	英国	14 418 000	美国	30.4	印度	229 834
10	南苏丹	11 929 306	阿曼	29.9	俄罗斯	205 079
11	俄罗斯	11 584 129	爱沙尼亚	29.1	摩洛哥	178 770
12	巴基斯坦	11 532 000	尼日尔	28.7	巴基斯坦	172 000
13	摩洛哥	10 886 807	黎巴嫩	28.6	乌兹别克斯坦	171 442
14	埃塞俄比亚	10 478 629	德国	28.4	乍得	164 062
15	西班牙	10 105 707	日本	28.1	叙利亚	163 247
16	乍得	9 114 413	新加坡	27.1	蒙古	152 706
17	乌兹别克斯坦	8 949 000	巴勒斯坦	27.0	南非	150 919
18	伊朗	8 900 863	南非	25.5	哈萨克斯坦	150 763
19	土库曼斯坦	8 659 396	伊拉克	25.2	尼日利亚	140 273
20	蒙古	7 657 259	吉尔吉斯斯坦	25.1	土库曼斯坦	132 371
72			**中国**	**17.1**		

10－7 鸡肉生产及排名

位次	国家（地区）	屠宰数（千只）	国家（地区）	胴体重（千克/只）	国家（地区）	产量（吨）
	世界	68 794 456	世界	1.66	世界	114 281 475
1	**中国**	**10 137 177**	斐济	3.00	美国	19 568 042
2	美国	9 160 910	卢旺达	3.00	巴西	14 914 563
3	巴西	6 271 687	阿根廷	2.91	**中国**	**13 957 911**
4	印度尼西亚	2 970 910	日本	2.82	俄罗斯	4 543 002
5	俄罗斯	2 577 122	巴西	2.38	印度	3 590 525
6	印度	2 553 270	玻利维亚	2.33	墨西哥	3 338 372
7	伊朗	1 884 842	智利	2.24	印度尼西亚	2 544 105
8	墨西哥	1 812 559	美国	2.14	日本	2 250 347
9	缅甸	1 342 678	厄瓜多尔	2.13	伊朗	2 187 068
10	泰国	1 279 674	苏丹	2.12	土耳其	2 156 671
11	土耳其	1 228 533	秘鲁	2.09	阿根廷	2 069 160
12	巴基斯坦	1 167 000	尼加拉瓜	2.06	马来西亚	1 766 369
13	英国	1 137 000	特立尼达和多巴哥	2.04	南非	1 754 562
14	菲律宾	1 136 155	哥伦比亚	2.04	英国	1 750 000
15	韩国	1 004 824	乌兹别克斯坦	2.02	缅甸	1 728 947
16	南非	999 793	马来西亚	2.02	泰国	1 726 881
17	马来西亚	875 790	塞浦路斯	2.00	哥伦比亚	1 592 830
18	法国	836 315	马拉维	1.99	秘鲁	1 581 767
19	日本	797 993	新加坡	1.99	波兰	1 474 064
20	波兰	787 868	西班牙	1.93	西班牙	1 411 312
83			**中国**	**1.38**		

10-8 火鸡肉生产及排名

位次	国家（地区）	屠宰数（千只）	国家（地区）	胴体重（千克/只）	国家（地区）	产量（吨）
	世界	656 308	世界	8.99	世界	5 901 071
1	美国	236 860	中国台湾	17.16	美国	2 666 260
2	巴西	90 841	葡萄牙	13.76	巴西	575 812
3	法国	47 271	德国	13.25	德国	467 208
4	波兰	38 849	奥地利	11.60	法国	366 680
5	德国	35 265	美国	11.26	意大利	300 303
6	意大利	27 767	斯洛文尼亚	11.26	西班牙	210 407
7	西班牙	27 021	意大利	10.82	波兰	184 454
8	加拿大	20 243	英国	10.61	加拿大	168 551
9	英国	14 800	匈牙利	10.52	英国	157 000
10	以色列	13 312	克罗地亚	10.51	以色列	103 709
11	摩洛哥	10 995	斯洛伐克	10.47	智利	95 075
12	突尼斯	10 787	立陶宛	10.42	匈牙利	72 252
13	智利	9 375	土耳其	10.26	突尼斯	71 380
14	荷兰	7 300	比利时	10.22	土耳其	69 536
15	阿根廷	6 996	智利	10.14	摩洛哥	54 973
16	匈牙利	6 868	丹麦	10.00	葡萄牙	46 689
17	土耳其	6 779	捷克	9.98	荷兰	41 127
18	澳大利亚	6 215	芬兰	9.46	阿根廷	35 678
19	阿尔及利亚	5 176	挪威	9.21	爱尔兰	29 692
20	爱尔兰	4 238	瑞典	8.84	澳大利亚	21 745

10－9　鸭肉生产及排名

位次	国家（地区）	屠宰数（千只）	国家（地区）	胴体重（千克/只）	国家（地区）	产量（吨）
	世界	2 989 098	世界	1.49	世界	4 464 925
1	**中国**	**2 192 725**	保加利亚	3.60	**中国**	**2 928 366**
2	缅甸	128 864	马来西亚	3.49	法国	246 209
3	越南	89 537	法国	3.37	缅甸	157 336
4	法国	72 956	比利时	2.85	越南	107 444
5	孟加拉国	55 077	约旦	2.80	马来西亚	106 668
6	印度尼西亚	48 246	韩国	2.75	匈牙利	93 622
7	中国台湾	37 073	匈牙利	2.74	中国台湾	86 196
8	匈牙利	34 128	阿根廷	2.60	埃及	80 619
9	埃及	32 385	墨西哥	2.50	韩国	65 283
10	马来西亚	30 574	南非	2.50	美国	63 928
11	美国	27 647	埃及	2.49	孟加拉国	55 077
12	韩国	23 761	斯洛伐克	2.49	泰国	52 181
13	泰国	22 753	白俄罗斯	2.44	印度尼西亚	44 059
14	印度	19 929	波兰	2.42	德国	37 058
15	德国	16 976	乌克兰	2.40	菲律宾	32 934
16	菲律宾	15 741	挪威	2.34	英国	30 400
17	英国	14 400	中国台湾	2.33	乌克兰	27 886
18	乌克兰	11 619	美国	2.31	印度	25 907
19	波兰	10 086	奥地利	2.31	波兰	24 416
20	澳大利亚	9 439	泰国	2.29	保加利亚	23 204
50			**中国**	**1.36**		

10－10 鹅肉和珍珠鸡肉生产及排名

位次	国家（地区）	屠宰数（千只）	国家（地区）	胴体重（千克/只）	国家（地区）	产量（吨）
	世界	691 325	世界	3.83	世界	2 646 233
1	**中国**	**645 151**	法国	5.15	**中国**	**2 508 623**
2	埃及	9 408	克罗地亚	5.15	波兰	28 261
3	波兰	6 404	加拿大	5.00	匈牙利	26 445
4	缅甸	6 251	德国	4.93	埃及	25 434
5	匈牙利	5 840	捷克	4.91	马达加斯加	12 715
6	乌克兰	4 335	保加利亚	4.70	中国台湾	11 156
7	马达加斯加	4 238	英国	4.66	缅甸	10 030
8	中国台湾	2 755	斯洛伐克	4.56	以色列	3 308
9	伊朗	1 047	匈牙利	4.53	德国	3 127
10	以色列	1 003	丹麦	4.49	伊朗	2 618
11	土耳其	963	波兰	4.41	土耳其	2 409
12	德国	634	希腊	4.20	法国	2 391
13	法国	464	中国台湾	4.05	英国	1 732
14	英国	372	爱尔兰	4.00	爱尔兰	1 226
15	泰国	313	意大利	4.00	加拿大	989
16	爱尔兰	307	新西兰	4.00	泰国	782
17	菲律宾	254	叙利亚	4.00	克罗地亚	697
18	加拿大	198	奥地利	3.99	捷克	619
19	阿根廷	193	**中国**	**3.89**	阿根廷	578
20	巴拉圭	154	立陶宛	3.61	奥地利	530

10－11　兔肉生产及排名

位次	国家（地区）	屠宰数（千只）	国家（地区）	胴体重（千克/只）	国家（地区）	产量（吨）
	世界	921 894	世界	1.51	世界	1 393 899
1	**中国**	**540 090**	奥地利	2.88	**中国**	**865 477**
2	朝鲜	120 855	意大利	2.72	朝鲜	144 244
3	埃及	55 351	波兰	2.52	埃及	62 143
4	西班牙	44 155	俄罗斯	2.44	西班牙	55 824
5	法国	30 215	白俄罗斯	2.37	法国	43 886
6	捷克	22 040	摩尔多瓦	2.13	意大利	43 109
7	德国	20 443	叙利亚	2.05	捷克	39 073
8	意大利	15 858	委内瑞拉	2.05	德国	32 115
9	阿尔及利亚	8 468	拉脱维亚	2.00	俄罗斯	18 467
10	塞拉利昂	7 967	卢森堡	2.00	乌克兰	12 200
11	俄罗斯	7 557	韩国	2.00	阿尔及利亚	8 468
12	乌克兰	6 516	挪威	1.97	塞拉利昂	7 967
13	墨西哥	4 483	毛里求斯	1.93	匈牙利	5 641
14	匈牙利	3 978	乌克兰	1.87	保加利亚	4 565
15	秘鲁	3 010	博茨瓦纳	1.80	墨西哥	4 483
16	保加利亚	2 706	捷克	1.77	斯洛伐克	3 961
17	斯洛伐克	2 477	希腊	1.77	卢旺达	3 844
18	哥伦比亚	2 472	立陶宛	1.75	秘鲁	3 554
19	肯尼亚	2 325	卢旺达	1.71	希腊	3 214
20	卢旺达	2 248	保加利亚	1.69	哥伦比亚	3 169
22			**中国**	**1.60**		

10－12 蛋类总产量及排名

位次	国家（地区）	产蛋禽（千只）	国家（地区）	单产（千克/只）	国家（地区）	产量（吨）
	世界	7 703 754	世界	10.76	世界	82 864 751
1	**中国**	**2 922 000**	约旦	28.00	**中国**	**31 282 800**
2	巴西	409 700	葡萄牙	24.01	美国	6 466 263
3	美国	391 311	斐济	21.08	印度	5 236 935
4	印度	315 363	哥斯达黎加	20.75	墨西哥	2 871 918
5	孟加拉国	257 400	爱沙尼亚	20.70	巴西	2 844 013
6	印度尼西亚	225 752	德国	20.45	日本	2 627 764
7	墨西哥	204 801	乌拉圭	19.96	俄罗斯	2 519 006
8	巴基斯坦	163 900	冰岛	18.97	印度尼西亚	2 065 460
9	俄罗斯	161 134	日本	18.90	泰国	1 101 633
10	日本	139 036	芬兰	18.79	土耳其	962 542
11	泰国	131 013	阿根廷	18.76	乌克兰	937 300
12	马来西亚	111 926	智利	18.72	马来西亚	872 367
13	尼日利亚	106 390	马提尼克（法）	18.35	巴基斯坦	859 739
14	土耳其	95 402	卢森堡	18.32	法国	847 868
15	乌克兰	92 900	瑞典	18.30	德国	846 000
16	缅甸	92 700	瑞士	17.99	西班牙	840 267
17	菲律宾	83 962	拉脱维亚	17.97	阿根廷	829 000
18	韩国	80 406	捷克	17.80	英国	791 000
19	意大利	71 462	加拿大	17.49	哥伦比亚	780 000
20	越南	71 002	西班牙	17.45	韩国	776 098
79			**中国**	**10.70**		

10－13 带壳鸡蛋产量及排名

位次	国家（地区）	产蛋鸡（千只）	国家（地区）	单产（千克/只）	国家（地区）	产量（吨）
	世界	7 468 088	世界	10.27	世界	76 700 529
1	**中国**	**2 922 000**	约旦	28.00	**中国**	**26 590 000**
2	美国	391 311	葡萄牙	23.91	美国	6 466 263
3	巴西	380 000	斐济	21.08	印度	5 236 935
4	印度	315 363	哥斯达黎加	20.75	墨西哥	2 871 918
5	墨西哥	204 801	爱沙尼亚	20.70	巴西	2 665 613
6	孟加拉国	197 500	德国	20.45	日本	2 627 764
7	印度尼西亚	181 752	乌拉圭	19.96	俄罗斯	2 486 288
8	俄罗斯	161 134	冰岛	18.97	印度尼西亚	1 644 460
9	巴基斯坦	159 900	日本	18.90	土耳其	962 542
10	日本	139 036	芬兰	18.79	乌克兰	922 300
11	马来西亚	110 726	阿根廷	18.76	马来西亚	856 767
12	尼日利亚	106 390	智利	18.72	法国	847 868
13	土耳其	95 402	马提尼克（法）	18.35	巴基斯坦	847 739
14	泰国	94 013	卢森堡	18.32	德国	846 000
15	乌克兰	92 900	瑞典	18.30	西班牙	839 347
16	缅甸	84 700	瑞士	17.99	阿根廷	829 000
17	韩国	76 906	拉脱维亚	17.97	哥伦比亚	780 000
18	菲律宾	76 062	捷克	17.80	英国	777 000
19	意大利	71 462	加拿大	17.49	韩国	772 898
20	越南	71 002	西班牙	17.44	意大利	736 400
97			**中国**	**9.10**		

10－14 其他带壳禽蛋产量及排名

位次	国家（地区）	产蛋禽（千只）	国家（地区）	单产（千克/只）	国家（地区）	产量（吨）
	世界	235 666	世界	26.16	世界	6 164 222
1	孟加拉国	59 900	西班牙	46.00	**中国**	**4 692 800**
2	印度尼西亚	44 000	马来西亚	13.00	印度尼西亚	421 000
3	泰国	37 000	泰国	10.81	泰国	400 000
4	巴西	29 700	印度尼西亚	9.57	孟加拉国	209 500
5	纳米比亚	27 000	新西兰	8.17	巴西	178 400
6	缅甸	8 000	缅甸	6.88	缅甸	55 000
7	菲律宾	7 900	巴西	6.01	菲律宾	46 611
8	立陶宛	7 600	菲律宾	5.90	俄罗斯	32 718
9	巴基斯坦	4 000	尼泊尔	5.35	中国台湾	27 255
10	韩国	3 500	海地	5.00	马来西亚	15 600
11	马达加斯加	2 550	柬埔寨	4.88	乌克兰	15 000
12	马来西亚	1 200	巴布亚新几内亚	4.79	英国	14 000
13	柬埔寨	820	塞舌尔	4.67	巴基斯坦	12 000
14	新加坡	580	老挝	4.21	罗马尼亚	5 427
15	坦桑尼亚	530	巴拉圭	4.12	马达加斯加	4 800
16	保加利亚	291	斯里兰卡	3.75	匈牙利	4 450
17	巴拉圭	245	孟加拉国	3.50	柬埔寨	4 000
18	新西兰	230	坦桑尼亚	3.49	立陶宛	3 390
19	尼泊尔	186	保加利亚	3.02	韩国	3 200
20	利比里亚	130	巴基斯坦	3.00	白俄罗斯	2 300

10－15　奶类总产量及排名

位次	国家（地区）	奶畜（头）	国家（地区）	单产（千克/头）	国家（地区）	产量（吨）
	世界	809 671 787	世界	1 040	世界	841 841 289
1	印度	142 583 443	美国	10 189	印度	187 958 197
2	**中国**	**55 216 256**	丹麦	9 895	美国	98 716 276
3	苏丹	50 783 000	爱沙尼亚	9 144	巴基斯坦	45 786 000
4	巴基斯坦	37 463 374	芬兰	8 834	**中国**	**35 166 980**
5	马里	34 904 113	瑞典	8 817	巴西	34 112 475
6	孟加拉国	34 838 473	日本	8 465	德国	33 094 080
7	土耳其	30 600 239	英国	8 140	俄罗斯	30 605 522
8	阿尔及利亚	21 954 404	德国	7 991	法国	26 517 354
9	巴西	21 428 710	卢森堡	7 393	土耳其	22 120 716
10	南苏丹	21 317 740	加拿大	7 358	新西兰	21 392 000
11	伊朗	20 629 379	韩国	7 319	英国	15 311 000
12	索马里	15 410 671	匈牙利	7 314	波兰	14 179 210
13	肯尼亚	14 527 823	比利时	7 292	意大利	12 744 822
14	印度尼西亚	14 212 309	捷克	6 873	墨西哥	12 227 335
15	叙利亚	13 698 874	阿根廷	6 596	荷兰	10 892 711
16	阿富汗	13 339 329	瑞士	6 510	阿根廷	10 526 600
17	埃塞俄比亚	12 604 576	奥地利	6 381	乌兹别克斯坦	10 415 660
18	尼日尔	12 308 138	挪威	6 285	乌克兰	10 302 670
19	俄罗斯	11 323 086	拉脱维亚	6 166	澳大利亚	9 289 000
20	坦桑尼亚	10 574 981	波兰	6 153	西班牙	8 122 923
128			**中国**	**537**		

10－16 全脂鲜牛奶总产量及排名

位次	国家（地区）	奶畜（头）	国家（地区）	单产（千克/头）	国家（地区）	产量（吨）
	世界	264 958 330	世界	2 574	世界	682 022 516
1	印度	52 841 810	以色列	13 412	美国	98 690 477
2	巴西	16 357 485	美国	10 463	印度	89 833 590
3	巴基斯坦	13 595 000	丹麦	9 895	巴西	33 839 864
4	美国	9 432 100	爱沙尼亚	9 362	德国	33 064 833
5	埃塞俄比亚	8 547 002	韩国	9 358	**中国**	**30 745 600**
6	苏丹	8 100 000	芬兰	8 834	俄罗斯	30 345 525
7	南苏丹	7 472 577	瑞典	8 817	法国	25 541 269
8	坦桑尼亚	6 940 527	捷克	8 756	新西兰	21 392 000
9	俄罗斯	6 726 438	西班牙	8 714	土耳其	20 036 877
10	肯尼亚	6 654 437	日本	8 604	巴基斯坦	16 722 000
11	土耳其	6 377 907	沙特阿拉伯	8 460	英国	15 311 000
12	哥伦比亚	5 653 113	葡萄牙	8 419	波兰	14 171 153
13	**中国**	**5 514 386**	英国	8 140	墨西哥	12 005 692
14	乌兹别克斯坦	5 081 678	匈牙利	8 104	意大利	11 944 450
15	新西兰	5 010 334	德国	8 063	荷兰	10 634 163
16	乌干达	4 114 976	卢森堡	7 743	阿根廷	10 526 600
17	德国	4 100 863	比利时	7 666	乌兹别克斯坦	10 415 660
18	孟加拉国	4 054 978	加拿大	7 358	乌克兰	10 064 000
19	法国	3 552 436	斯洛伐克	7 223	澳大利亚	9 289 000
20	阿富汗	3 418 897	法国	7 190	爱尔兰	7 810 260
38			**中国**	**5 576**		

10－17　全脂鲜水牛奶总产量及排名

位次	国家（地区）	奶畜（头）	国家（地区）	单产（千克/头）	国家（地区）	产量（吨）
	世界	69 614 466	世界	1 829	世界	127 338 557
1	印度	44 767 060	伊朗	2 637	印度	91 817 140
2	巴基斯坦	14 527 000	印度	2 051	巴基斯坦	28 109 000
3	**中国**	**5 976 738**	巴基斯坦	1 935	**中国**	**3 003 323**
4	埃及	1 607 969	叙利亚	1 690	埃及	2 120 365
5	尼泊尔	1 535 948	马来西亚	1 385	尼泊尔	1 338 277
6	缅甸	431 441	保加利亚	1 348	意大利	247 158
7	意大利	246 152	埃及	1 319	缅甸	193 841
8	印度尼西亚	97 257	文莱	1 027	伊朗	129 904
9	斯里兰卡	94 200	意大利	1 004	斯里兰卡	85 914
10	孟加拉国	90 615	土耳其	998	土耳其	75 742
11	土耳其	75 882	越南	992	印度尼西亚	71 166
12	伊拉克	57 587	不丹	990	伊拉克	49 893
13	伊朗	49 255	希腊	955	孟加拉国	35 691
14	越南	27 673	斯里兰卡	912	越南	27 460
15	格鲁吉亚	10 194	尼泊尔	871	保加利亚	11 753
16	保加利亚	8 720	伊拉克	866	马来西亚	8 190
17	马来西亚	5 913	印度尼西亚	732	叙利亚	6 673
18	叙利亚	3 949	格鲁吉亚	607	格鲁吉亚	6 186
19	希腊	421	**中国**	**503**	希腊	402
20	不丹	285	阿尔巴尼亚	476	不丹	282

10－18 全脂鲜山羊奶总产量及排名

位次	国家（地区）	奶畜（头）	国家（地区）	单产（千克/头）	国家（地区）	产量（吨）
	世界	216 231 667	世界	87	世界	18 712 088
1	印度	36 834 310	比利时	1 210	印度	6 098 730
2	孟加拉国	30 096 753	卢森堡	1 100	苏丹	1 151 000
3	马里	18 918 743	法国	735	孟加拉国	1 122 646
4	苏丹	17 979 000	德国	718	巴基斯坦	915 000
5	巴基斯坦	8 549 374	荷兰	716	法国	652 327
6	印度尼西亚	7 342 391	奥地利	676	土耳其	561 826
7	南苏丹	6 904 497	捷克	640	马里	526 130
8	索马里	6 281 256	葡萄牙	636	西班牙	461 375
9	尼日尔	6 094 081	挪威	636	南苏丹	459 343
10	伊朗	5 454 425	瑞士	633	希腊	397 785
11	土耳其	5 327 166	乌克兰	504	索马里	374 869
12	巴西	5 071 225	白俄罗斯	492	印度尼西亚	365 922
13	蒙古	4 207 670	斯洛文尼亚	464	尼日尔	365 645
14	肯尼亚	4 049 403	立陶宛	423	巴西	272 611
15	坦桑尼亚	3 634 453	西班牙	384	伊朗	271 302
16	希腊	2 973 646	牙买加	356	荷兰	258 547
17	阿尔及利亚	2 853 848	古巴	345	俄罗斯	254 231
18	阿富汗	2 676 737	中国台湾	327	阿尔及利亚	248 784
19	乍得	2 386 834	俄罗斯	324	肯尼亚	227 797
20	布基纳法索	2 002 284	爱沙尼亚	322	**中国**	**223 134**
30	**中国**	**1 242 588**				
38			**中国**	**180**		

10-19 全脂鲜绵羊奶总产量及排名

位次	国家（地区）	奶畜（头）	国家（地区）	单产（千克/头）	国家（地区）	产量（吨）
	世界	251 034 215	世界	42	世界	10 631 057
1	**中国**	**42 411 307**	瑞士	449	土耳其	1 446 271
2	苏丹	22 996 000	奥地利	447	**中国**	**1 180 276**
3	土耳其	18 819 284	法国	252	希腊	753 819
4	阿尔及利亚	18 065 381	西班牙	224	叙利亚	647 311
5	马里	13 702 500	科威特	222	罗马尼亚	626 145
6	伊朗	13 237 120	马耳他	209	西班牙	544 541
7	叙利亚	11 517 086	斯洛文尼亚	200	意大利	524 717
8	印度	8 095 919	葡萄牙	177	苏丹	414 000
9	罗马尼亚	7 649 714	日本	151	马里	381 067
10	阿富汗	7 221 589	阿塞拜疆	137	索马里	369 378
11	希腊	7 017 173	匈牙利	123	法国	323 758
12	南苏丹	6 940 666	塞尔维亚	118	伊朗	316 431
13	印度尼西亚	6 190 868	塞浦路斯	113	阿尔及利亚	304 199
14	索马里	5 561 161	亚美尼亚	112	阿富汗	208 480
15	意大利	5 032 923	希腊	107	印度	200 778
16	尼日尔	3 824 036	意大利	104	印度尼西亚	165 456
17	俄罗斯	3 812 786	巴勒斯坦	100	尼日尔	152 961
18	蒙古	3 309 612	巴林	91	南苏丹	145 275
19	伊拉克	3 141 605	哈萨克斯坦	86	蒙古	103 827
20	沙特阿拉伯	2 892 724	吉尔吉斯斯坦	83	埃及	97 608
65			**中国**	**28**		

10-20 原毛总产量及排名

位次	国家（地区）	总产量（吨）
	世界	1 974 406
1	**中国**	**416 824**
2	澳大利亚	385 945
3	新西兰	127 935
4	英国	70 738
5	土耳其	64 317
6	摩洛哥	64 174
7	俄罗斯	55 471
8	伊朗	54 347
9	印度	46 721
10	南非	44 246
11	阿根廷	40 696
12	土库曼斯坦	40 561
13	哈萨克斯坦	39 166
14	巴基斯坦	38 938
15	阿尔及利亚	37 049
16	乌兹别克斯坦	34 615
17	乌拉圭	27 971
18	印度尼西亚	24 695
19	西班牙	23 554
20	叙利亚	18 661

图书在版编目（CIP）数据

中国畜牧兽医统计. 2019 / 农业农村部畜牧兽医局，全国畜牧总站编. —北京：中国农业出版社，2021.1
ISBN 978-7-109-27898-1

Ⅰ.①中…　Ⅱ.①农…　②全…　Ⅲ.①畜牧业—兽医学—卫生统计—中国—2019　Ⅳ.①S851.67

中国版本图书馆 CIP 数据核字（2021）第 016168 号

中国畜牧兽医统计 2019
ZHONGGUO XUMU SHOUYI TONGJI 2019

中国农业出版社出版
地址：北京市朝阳区麦子店街 18 号楼
邮编：100125
责任编辑：汪子涵
版式设计：王　晨　　责任校对：沙凯霖
印刷：中农印务有限公司
版次：2021 年 1 月第 1 版
印次：2021 年 1 月北京第 1 次印刷
发行：新华书店北京发行所
开本：720mm×960mm　1/16
印张：15.25　　插页：2
字数：300 千字
定价：100.00 元

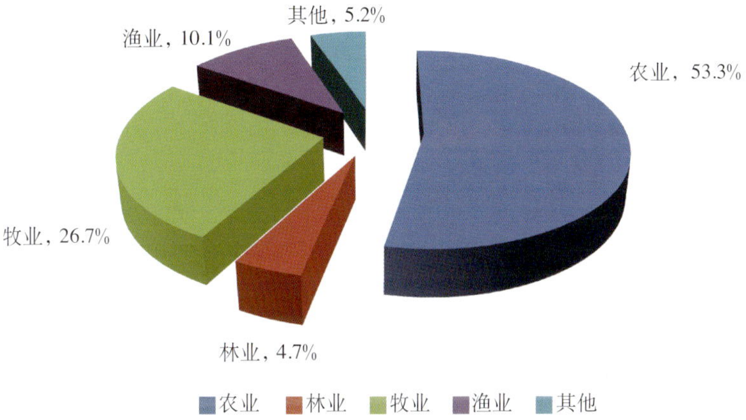

图1　2019年全国农林牧渔业产值比重

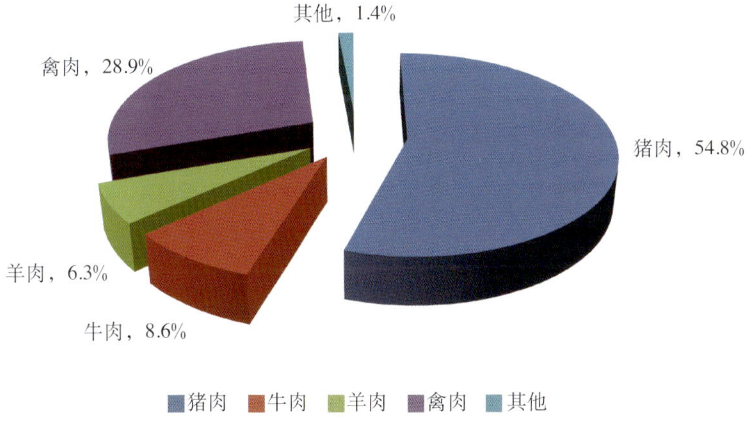

图2　2019年全国肉类产量构成

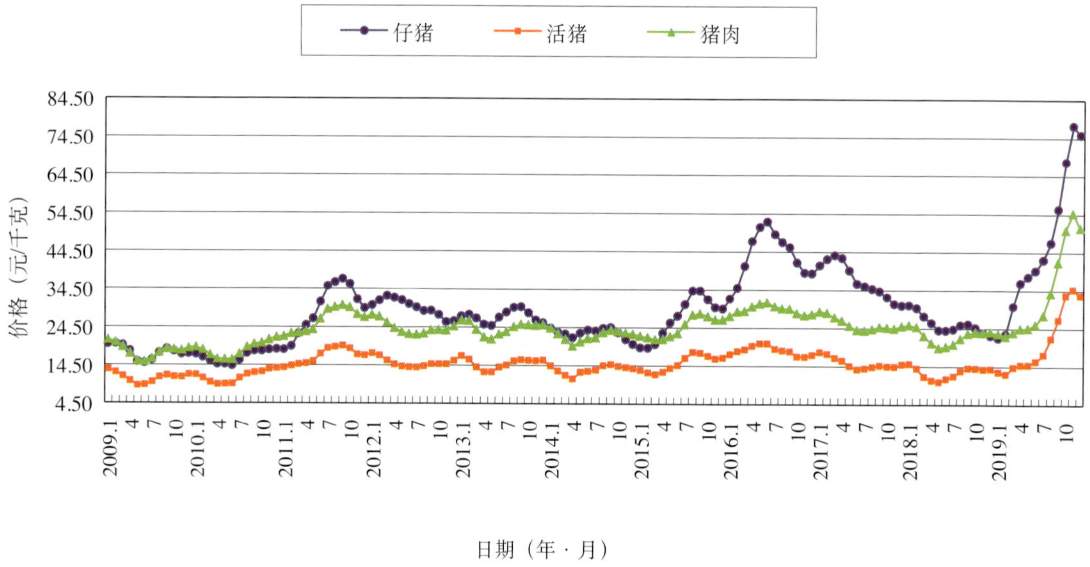

图3　2009—2019年生猪产品价格走势

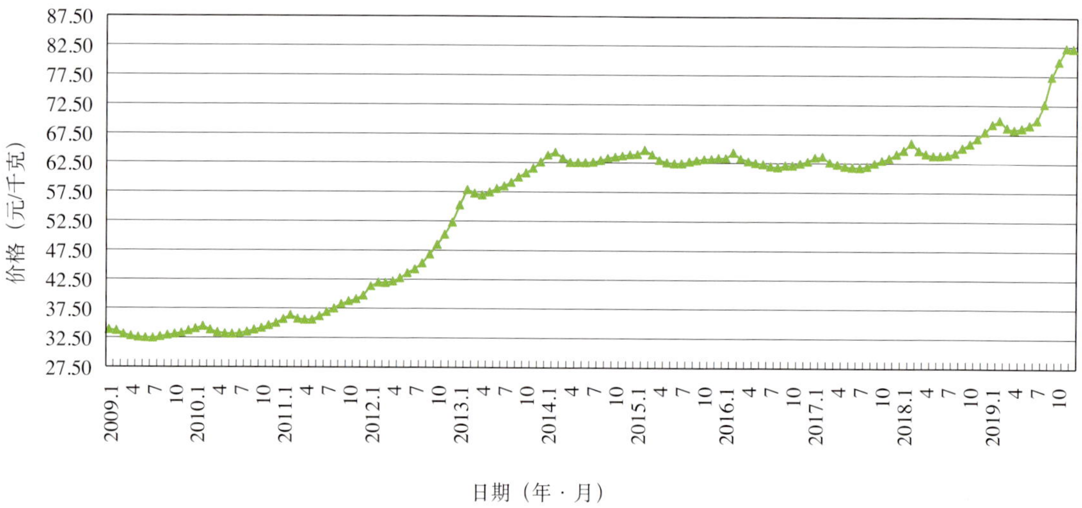

图4　2009—2019年牛肉价格走势

图5　2009—2019年羊肉价格走势

图6　2009—2019年鸡蛋价格走势

图7　2009—2019年玉米价格走势

图8　2009—2019年猪粮比、蛋粮比走势